테야르 드 샤르댕의『인간현상』읽기

세창명저산책_066

테야르 드 샤르댕의 『인간현상』 읽기

초판 1쇄 인쇄 2019년 7월 25일
초판 1쇄 발행 2019년 7월 31일

—

지은이 김성동
펴낸이 이방원
기획위원 원당희
편　집 정조연·김명희·안효희·윤원진·정우경·송원빈
디자인 손경화·박혜옥　**영 업** 최성수　**마케팅** 이미선

—

펴낸곳 세창미디어

출판신고 2013년 1월 4일 제312-2013-000002호

주소 03735 서울시 서대문구 경기대로 88 냉천빌딩 4층

전화 02-723-8660　팩스 02-720-4579

이메일 edit@sechangpub.co.kr　홈페이지 http://www.sechangpub.co.kr/

—

ISBN 978-89-5586-561-5 02470

이 도서의 국립중앙도서관 출판시도서목록(CIP)은 서지정보유통지원시스템 홈페이지(http://seoji.nl.go.kr)와 국가자료공동목록시스템(http://www.nl.go.kr/kolisnet)에서 이용하실 수 있습니다.
CIP제어번호: CIP2019027007

_ 이미지 출처: https://commons.wikimedia.org/wiki/File:TeilhardP_1955.jpg

세창명저산책_066

김성동 지음

테야르 드 샤르댕의 『인간현상』 읽기

세창미디어
MEDIA

　피에르 테야르 드 샤르댕Pierre Teilhard de Chardin은 1881년, 프랑스에서 태어났다. 그는 가톨릭 수도 단체인 예수회에 입회하여 1911년, 신부가 되었다. 이후 과학자로 훈련받아 지질학자이자 고생물학자로서 20세기 초엽에 베이징 원인을 발견하는 등 최고 수준의 학자로 활동하는 한편, 자신의 과학적 통찰과 신학적 직관을 조합한 고유의 사상을 개진하였다. 그는 2차 세계대전이 끝난 후까지도 저술 활동에 대한 교단의 허락을 받지 못해, 미국에서 활동하다가 1955년에 사망하였다.

　그의 이력에서 볼 수 있듯이, 그는 종교인이면서 동시에 과학자였다. 따라서 그는 순수한 과학자나 순수한 종교인과는 다른 그 나름의 철학적 입장을 개진하였다. 예컨대, 그는 빅뱅 이론Big Bang Theory을 수용했다. 그러면서도 빅뱅으로 시작된 우주가 궁극적으로는 마지막 점, 즉 오메가포인트Omega Point를 향하여 진화하고 있는 중이라고 주장하였다. 이러한 그의 주장은 전통적 보편성에 기초하는 가톨릭교회에서는 결코 수용할 수 없는 개별적인 주장이었으며, 또 우주가 우연의 산물이라고 보는 경험과학적인 입장에서도 결코 수용할 수 없는 형이상학적 주장이었다.

이렇게 그는 그와 동시대를 살았던 과학자들이나 종교인들, 그 어느 쪽에서도 충분한 긍정적인 평가를 받지 못했지만, 사후 반세기 이상이 지난 오늘날에는 그가 속했던 과학계와 종교계에서뿐만 아니라 철학계에서도 인류의 자기 이해에 대한 새로운 국면을 개척한 개척자로서 부분적인 인정을 받고 있다. 특히 그는 과학과 종교를 모두 믿는 근대인들이 가지고 있는 정체성의 혼란을 먼저 경험하고 그러한 혼란에 대한 해결책을 모색하고 제시한 사상가로서도 독특한 위상을 가지고 있다.

『인간현상Le phénomène humain: The Human Phenomenon』은 테야르에게 이러한 위상을 가져다준 그의 대표작이다. 『인간현상』이 1938~40년에 처음 쓰였을 때는 오른쪽의 밑줄 친 부분과 같이 여섯 부분으로 구성되어 있었다. 하지만 1947년, 테야르는 리옹에서 자신이 속한 수도단체인 예수회의 감독관에게 『인간현상』을 제출하기 위하여 서문을 붙였다. 그리고 1948년, 로마에서 『인간현상』의 출판을 허락받기 위하여 '요약 혹은 후기: 인간현상의 본질'과 '부록: 진화 중인 세계에서의 악의 위치와 역할에 대한 논평'을 덧붙였다. 그래서 『인간현상』은 최종적으로 다음과 같은 차례를 갖게 되었다.

저자의 서문

들어가는 말: 봄

1부 생명 이전

2부 생명

3부 생각

4부 초-생명

나오는 말: 그리스도교 현상

요약 혹은 후기: 인간현상의 본질

부록: 진화 중인 세계에서의 악의 위치와 역할에 대한 논평

이러한 목차에서 볼 수 있는 것처럼, 테야르는 『인간현상』을 다음과 같은 순서로 서술하고 있다. 먼저 인간의 현상을 다루기 전에, 현상을 '본다'는 것이 어떤 것인지를 이야기한다. 다음으로 인간현상을 구성하는 '생각'하는 인간을 다루기에 앞서, 이런 인간을 생겨나게 한 '생명'을, 그리고 그에 앞서 생명을 가능하게 한 '생명 이전'의 존재를 먼저 다룬다. 그래서 그의 서술은 지구의 역사를 시간 순서대로 다루는 셈이 되는데, 이렇게 인간의 과거와 현재를 다룬 후에 인간의 미래를 '초-생명'이라는 제목 아래 그려 낸다. 마지막으로, 자신의 비전과 그리스도교 현상의 상관성을 지적하는 것으로 책을 끝맺는다.

만약 아주 짧은 시간에 그의 인간현상에 대한 통찰에 접근하려면 '요약 혹은 후기: 인간현상의 본질'을 읽는 것도 답이기는 하다. 하지만 여기에는 정말 핵심 내용만이 담겨 있기에 그의 비전을 제대로 이해하려면 본문을 읽어야 한다. 부록에서는 생명에 죽음이 있듯이, 진화에 동반되는 부정적인 측면을 「악」이라는 제목 아래 언급하고 있다.

독자와 같이 『인간현상』을 읽어 보려고 하는 이 책에서도 『인간현상』의 목차 순서를 따라가면서 테야르가 전개하고 있는 논의를 살펴보고자 한다. 독자들이 한국어로 읽을 수 있는 『인간현상』은 양명수 교수의 번역본[테야르 드 샤르댕(1997), 『인간현상』, 양명수 역, 한길사]이다. 독자들의 편이성을 고려하여 이 번역본을 대본으로 삼아 이 책, 『테야르 드 샤르댕의 《인간현상》 읽기』를 서술하였다. 따라서 이 책에서 따로 표기하지 않고 쪽수만 표기할 경우, 위 책을 말한다.

테야르의 논의에는 기존의 상식에 반하는 주장들이 뒤섞여 있고 또 그 나름의 독특한 어휘 사용법이 있기에 그 텍스트를 바로 읽기가 쉽지 않을 수도 있다. 필자는 독자들이 이 책 『테야르 드 샤르댕의 《인간현상》 읽기』를 통하여 그의 기본적인 통찰에 다소간 익숙해진 다음에 그의 『인간현상』을 직접 읽어 보기를 희망한다. 이러한 길잡이 역할을 본서는 자임하고 있다.

물론 필자는 독자들이 이 책을 읽으면 테야르의 『인간현상』에 대한 해설을 들은 효과가 나도록 집필하였기에 『인간현상』을 읽지 않고도 『인간현상』을 이해할 수 있을 것으로 기대한다. 만약 이 책을 읽는 것조차도 부담이 된다면, 이 책의 각 장 말미에 요약된 주요 내용을 읽어 볼 수도 있다. 원래의 목적은 독자들이 읽은 내용을 정리할 수 있도록 준비된 것이지만, 가장 짧은 시간에 테야르의 『인간현상』을 이해하고자 할 때 이 방법을 사용할 수도 있다.

아울러 독자들에게 테야르의 육성을 들려주고 싶은 욕심에 필자는 각 절이나 항에 직접인용문을 포함시켰다. 이러한 인용문은 한국어 번역본에서 가져왔고 독자들이 참고할 수 있도록 쪽수도 괄호 속에 표시하였다. 하지만 때로 용어나 표현이 다를 수도 있는데, 이는 독자들이 테야르의 육성에 더 가까이 가 보는 경험을 돕기 위하여 영어본의 해당 부분을 필자가 따로 직역하여 교체하거나 삽입했기 때문이다. 다소 어색한 부분이 있더라도 취지를 살펴 주기 바란다.

필자가 한국어본과 더불어 영어본을 참조한 까닭은, 우선 영어 번역자가 필자보다 원전을 더 잘 읽었을 것으로 생각했기 때문이고, 독자들 역시 프랑스어보다는 영어 표현에 더 익숙하리라 생각했기 때문이며, 현재 이용할 수 있는 사라 애플톤-웨버Sarah Appleton-Weber의 영어 번역본[Pierre Teilhard de Chardin (1999), The Human Phenomenon: A New Edition and Translation of Le Phenomene Humain, tr. by Sarah Appleton-Weber, Sussex Academic Press]이 자세한 문헌학적 연구를 통하여 기존의 영어 번역본을 전면 개정한 만큼 테야르의 원래 의미를 상당히 잘 살렸다고 생각했기 때문이다. 이 영어본에서 가져온 그림은 괄호 속에 'Sarah'라고 적고 쪽수를 표시하였다.

아무쪼록 독자 여러분이 이 책을 통하여 테야르의 사유에 한 걸음 더 가까워지고, 그러한 발걸음이 궁극적으로 테야르의 『인간현상』은 물론 다른 책들로 이어지기를 희망한다. 필자는 『자연 안에서 인간의 위치』(이병호 옮김, 2006), 『물질의 심장』(이병호 옮김, 2006), 그리고 『인격적 우주와 인간 에너지』(이문희 옮김, 2013)를 읽어 보기를 추천한다.

| CONTENTS |

1부   생명 이전

3부 생각

4부 초-생명

테야르의 서문

테야르는 서문에서 자신이 『인간현상』을 서술한 기본적인 입장을 설명하고 있다. 그의 요지는 그 책은 과학적인 서적이지, 신학적이거나 철학적인 서적은 아니라는 것이다. 그는 과학을 철학이나 신학의 기초 작업으로 여기고 있다. 과학은 그저 보이는 현상을 '서술'하는 것이고 철학이나 신학은 이러한 서술에 기초하여 현상을 '설명'하는 것이라는 것이다. 따라서 자신은 과학자로서 인간현상을 서술하고자 할 뿐, 신학자나 철학자로서 인간현상을 설명하고자 하는 것은 아니라는 게 그의 기본 입장이다.

그가 서술하고자 하는 인간현상은 인간만을 대상으로 삼

지 않는다. 왜냐하면 그는 사람을 중심으로 삼되, 시간축에 따라 사람이 등장하기 이전과 이후의 현상을 모두 서술하고자 하기 때문이다. 물론 그렇다고 하더라도 단지 서술할 뿐이기 때문에 인간발생 이전이나 이후의 현상들 사이의 존재론적인 관계나 인과적인 관계를 제시하지는 않으며, 시간 순서대로 일관성 있게 나타나는 현상과 그 속에서 찾아볼 수 있는 경험적 법칙만을 제시한다.

사실 그의 논의들은 물리·화학적 법칙들과 생물학적 법칙들을 전제하고, 그러한 법칙들을 연장하여 자기 나름의 새로운 법칙들을 제시하고 있다. 쿤Thomas Kuhn의 용어를 빌자면, 테야르는 현재의 패러다임 내의 법칙들을 연장하여 자신이 수정·제안하는 패러다임 내의 법칙들을 제시하고 있다. 그의 책『인간현상』이나 이 책『테야르 드 샤르댕의 《인간현상》읽기』를 통하여 우리는 이러한 그의 패러다임이나 법칙들을 기존의 패러다임과 법칙들의 대안으로 이해할 수 있다.

비록 그의 연구가 경험적 법칙을 제시하고자 함이기는 하지만, 그는 자신이 최소한의 설명도 하지 않을 수는 없다는 것을 인정하고 있다. 그것은 그가 현상phenomenon을 서술하고자 할 때, 그는 개개의 현상이 아니라 현상 전체the whole of the phenomenon를 서술하고자 하기 때문이다. 그는 관찰은 불가피하게 이론에 의존할 수밖에 없기에, 즉 모든 관찰은 관찰자가 관찰의 대상과 관찰의 방식을 정할 수밖에 없으므로 관찰자의 주관이 전혀 개입되지 않는 완전한 객관적 관찰이란 가능할 수 없으며, 자신의 관찰과 서술이 국지적인 현상이 아닌 전체 현상을 대상으로 하고 있기에 자신의 관찰과 서술에는 자신의 이론적 입장이 포함되어 있음을 분명히 인정하고 있다.

하지만 그는 자신의 이러한 입장이 결코 신학적이거나 철학적이지 않다고 다시 한번 주장한다. 그의 비유는 지구의 자오선들이 모두 극점에서는 만나더라도 그 선들은 모두 다른 각도와 수준에서 극점들에 접근한다는 것이다(그림 1 참조). 그는 이렇게 구분한다. 과학자들이 우주에 대하여 일반적인 과학적 해석을 하게 되면 설명과 비슷한 모습을 보이기는 하겠지만, 그것은 초-물리학hyper-physics으로서 철학적 설명이나 신학적 설명과는 다르다는 것이다.

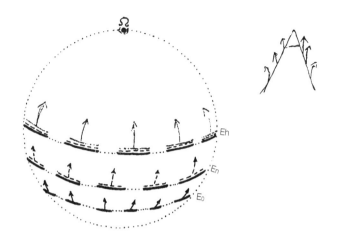

그림 1　자오선들의 극점에서 만남(Sarah, 229)

　　여하튼 그는 인간현상 전체를 서술하기 위하여, 관찰의
이론의존성 때문에 그가 할 수밖에 없는 두 가지 선택을 하
고 있다. 하나는 우주의 재료가 정신과 물질이라면 정신에
우선권을 둔다는 것이고, 다른 하나는 우리 주변의 사회적
사실을 생물학적으로 고려한다는 것이다. 이는 달리 말하
면 테야르가 정한 관찰의 대상이 물질보다는 정신(특히 사람
의 정신)이고, 관찰의 방법이 정신적 인간을 유기체로 보는
생물학적 시각이라는 것이다.

그래서 테야르는 이렇게 결론짓는다. "자연 가운데서 사람이 지닌 특별한 의미, 그리고 사람의 유기적 본성, 어떤 이들은 이 두 가지 가설을 처음부터 부인할지도 모른다. 그러나 두 가설 없이는 인간현상을 일관되게 종합하여 그릴 수 없다."(40)

사실 인간의 자연에서의 특수한 위치에 주목하는 시도가 테야르만의 것은 아니다. 20세기 초엽 독일의 철학자인 셸러Max Scheler 또한 『우주에서의 인간의 위치Die Stellung des Menschen im Kosmos: The Human Place in the Cosmos』라는 책에서 인간에게 무기적 원리, 유기적 원리, 그리고 인간적인 원리가 중첩되어 있다는 것을 지적하면서 인간을 신이 되는 장소라고 주장하였다. 테야르도 인간에게 이러한 원리들이 중첩되어 있다고 보지만, 셸러와 달리 이러한 원리들이 연속적인 진화의 성과들이며, 인간이 자신을 극복함으로써 완성되는 것이 아니라 자신의 바깥에 중심을 둠으로써 완성된다고 보았다. 여기에 대해서는 이 책의 후반부에서 좀 더 자세히 볼 수 있다.

✏ 서문의 주요 내용

1. 이 책은 철학 서적이나 신학 서적이 아니라 과학 서적이다. 따라서 생명이 등장하기 이전부터, 생명의 등장을 거쳐, 인간의 등장을 살펴봄으로써, 그러한 등장의 경험적 법칙을 탐구한다. 아울러 이러한 경험적 법칙의 연장선에서 미래 인간의 발걸음도 예상해 본다.

2. 모든 관찰이 어떤 이론에 근거할 수밖에 없듯이, 서술도 최소한의 이론을 전제할 수밖에 없다. 테야르는 인간 부분의 현상이 아니라 인간 전체의 현상을 탐구하기에 더욱 그러하다. 이런 의미로 그의 연구는 철학이나 신학적 연구가 아니라 초-물리학적, 초-생물학적 연구라고 볼 수 있다.

3. 그가 관찰과 서술의 대상으로 선택한 것은 정신, 곧 인간의 정신이며, 관찰과 서술의 방법으로 채택한 것은 진화의 법칙들을 여실히 보여 주는 생물학이다. 그러므로 그의 논의를 요약하여 표현하자면 생물학적 인간 정신 탐구라 할 수 있다.

들어가는 말
봄

테야르는 인간에게서 나타나는 현상을 탐구하고 있다. 현상이란 '눈앞에 나타나 보이는 형상'을 의미한다. 따라서 인간현상을 탐구한다는 것은 '눈앞에 나타나 보이는 인간을 보는 것'이 된다. 따라서 그는 독자들에게 자신이 보았던 것을 보여 주기 위하여 '봄seeing'이 어떤 것인지를 먼저 해명하고자 한다.

우리는 무엇을 봄으로써 행동하게 된다. 생명의 가장 기본적인 운동, 즉 대상에 가까워지거나 대상에서 멀리 달아나는 것은 모두 봄이 있기 때문이다. 나중에 보게 되듯이 테야르가 서술하는 『인간현상』의 법칙에서 성장한다는 것은 결합한다는 것인데, 이렇게 결합하기 위해서는 우선 보아야 한다. 존재들이 결합하여 더 큰 존재를 이루는 경우를 살펴보면, 예컨대 남녀가 만나 연인이 되고 부부가 되고 가족이 되는 경우를 생각해 보면 먼저 봄이 있고나서 가까이 다가감이 있으며, 그 후에야 결합이 있다는 것을 알 수 있다. 그러므로 존재의 결합에는 '봄'이 필수적이다.

그러나 보는 것만으로 충분하지 않다. 동물의 완성도나 생각하는 존재의 탁월성은 본 것을 종합synthesis하여 무엇을 꿰뚫어 보는 능력penetration에 달려 있기 때문이다. 원숭이는 생물학자들이 거울뉴런이라고 부르는 두뇌의 신경세포들로 동작을 모방할 뿐이지만, 인간은 모방은 물론 그 의도까지 파악한다. 생명의 역사는 더 많은 구분을 할 수 있도록 눈을 보다 완전하게 만드는 과정으로 볼 수 있다.

그런데 테야르는 많은 볼 것들 가운데 왜 하필이면 사람을 보고자 하는가? 그는 여기에 두 가지 이유가 있다고 지적하고 있다. 하나는 사람이 관점의 중심이기 때문이고, 다른 하나는 사람이 구성의 중심이기 때문이다.

테야르가 말한 **관점의 중심**center of perspective이 의미하는 것은 세계현상이라는 것이 실제로는 인간현상이라는 것이다. 왜냐하면 서문에서 지적한 것처럼 ―관찰의 이론의존성 때문에― 우리는 세계를 객관적으로 바라볼 수 없으며 오직 주관을 통해서만 세계를 볼 수 있기 때문이다. 그러므로 인간현상을 보지 않고서 세계현상을 본다는 것은 애초부터 불가능한 과제다.

구성의 중심center of construction이 의미하는 것은, 인간은 주관을 통해서만 세계를 바라보지만, 때로는 세계가 스스로 드러나기도 한다는 것이다. 마을 안에서 보는 마을과 마을 뒷산에 올라서 보는 마을은 마을의 각각 다른 모습이다. 마을 안에서는 '내'가 마을을 보았다면 마을 뒷산에서는 '마을'이 나에게 자신을 보여 준다. 이럴 경우, 나의 관점으로부터 상대적으로 독립해 있는 객관적인 마을의 모습과 내가 보는 주관적인 마을의 모습이 일치하게 된다.

그런데 이렇게 주객일치를 이룰 수 있는 존재는 오직 인간뿐이며, 다른 동물은 그렇게 하지 못한다. 독일의 동물학자 윅스퀼Jakob von Uexküll에 따르면 동물들이 보는 세계는 자신의 관심사만을 반영하는 환경세계Umwelt: self-centered world이며, 인간만이 자신의 관심사와 거리를 두고 환경세계가 아닌 세계Welt: world를 본다. 예를 들어 진드기는 자신의 삶에 필수적인 빛·냄새·온도, 세 가지만을 인지하지만, 인간은 자신의 삶에 필수적이지 않은 그 밖의 많은 것들도 인지한다. 그래서 인간은 시각적으로뿐만 아니라 구조적으로도 우주 전체를 경험할 수 있다.

어떤 이유로든 인간이 봄의 중심이기에 봄에 근거하는 과학은 무엇보다도 먼저 인간을 보는 일을 시도하지 않을 수 없다. 사실 인간은 계속 자신만을 보아 왔다. 인간들은 자신의 의식주를 해결하느라 바빠서 자신의 과거인 다른 생물체들이나 자신의 미래인 다른 인격체들을 볼 겨를이 없었다. 하지만 최근에 와서 인류는 세계 속에서의 자신의 의미를 보기 시작하였다.

테야르가 볼 때 인류가 이렇게 자신의 의미를 볼 수 있게 된 것은 인류가 다양한 대상들을 감각할 수 있게 되었기 때문이다. 그는 이러한 예들로 공간적 크기, 시간적 깊이, 숫자, 비율, 새로움, 움직임, 유기성 등에 대한 감각 능력들을 지적하고 있다. 이러한 감각 능력들을 소유하게 되면서 인류는 우주발생의 절정을 이루는 인간발생을 파악하고 세계에서 인간이 차지하는 중심성을 볼 수 있게 되었다는 것이다.

이렇게 인간을 바라보면 세 세계의 시민이었던 인간은 새로운 시민권을 획득할 것으로 보인다. 인간은 인류의 부분이며, 인류는 생명의 부분이고, 생명은 우주의 부분이다. 하지만 인간은 동시에 초-생명으로 상승해야 할 과제를 안고 있다. 그렇기에 이 책의 1부는 우주의 '생명 이전'을, 2부는 '생명'을, 3부는 인간의 '생각'을, 4부는 '초-생명'을 다루고 있다.

테야르는 『인간현상』이 인간이라는 현상을 보는 것을 목적으로 함을 거듭 강조한다. 물론 인간이라는 현상을 시간의 축을 따라 보기 위하여 인간 이전의 현상을 보고 지금 이후의 현상도 보고자 하겠지만, 이러한 서술은 단순한 봄이지 그러한 봄을 넘어서는 설명이 결코 아니라는 것이다.

물론 봄은 어디까지나 테야르의 봄이지, 객관적인 봄은 아니다. 하지만 테야르는 자신의 봄이 과학자의 봄이지, 신학자나 철학자의 봄은 아니라고 주장한다. 그리고 과거나 미래를 보는 것이 현재를 보는 것과 같은 성격의 것도 아니라고 지적한다. 과거나 미래를 보는 것은 현재를 볼 때 추정컨대 과학적으로 그러할 수밖에 없다는 식의 봄이지 형이상학적 원리에 따라 그러할 수밖에 없다는 식의 봄은 아니라는 것이다.

인간학자들이나 법학자들이 그러하듯이 인간을 그 밖의 모든 것과 분리하면 인간은 사소하고 무의미한 존재가 되고 만다. 개별성을 강조하다 보면 전체성을 보지 못하고, 전체성을 보지 못하면 관계성이나 그것의 지평을 보지 못한다. 이렇게 연결하여 보지 못하고 분리하여 보는 인간학자들이나 법학자들은 테야르가 보기엔 편협한 인간중심주의자들이다.

그는 참다운 인간학자라면 '사람'만이 아니라 '우주와 엮인 사람'을 보아야 한다고 지적한다. 달리 말하면, 참다운 물리학자라면 우주만이 아니라 사람과 엮인 우주를 보아야 한다는 것이다. 이어서 자세히 논의될 것이지만 테야르는 들어가는 말에서 자신의 관점을 먼저 제시한다.

"우주에 대한 해석이 만족스러우려면 사물의 바깥쪽

outside만 아니라 안쪽inside도 짚어야 한다. 아무리 실증을 내세우는 해석이라 해도 그 점을 피해 갈 수 없다. 물질matter 뿐만 아니라 정신spirit도 살펴야 한다. 참된 물리학이라면 언젠가는 세상뿐만 아니라 세상 속에 사람도 같이 끼워 풀어 갈 것이다."(46)

🖊 들어가는 말: 봄의 주요 내용

1. 모든 일은 보는 것으로부터 시작한다. 가까이 가는 것도 멀리 달아나는 것도 보는 것에서 시작한다. 하지만 잘 보기 위해서는 꿰뚫어 보아야 한다. 그리고 본 것들을 종합하여 본 것들의 의미 또한 보아야 한다.

2. 우주를 보기 위하여 인간을 보아야 하는 이유는, 우주를 보는 주체가 인간이므로 우주를 보기 위해서는 우주를 보는 인간을 보아야 하기 때문이다. 그리고 오직 인간에게서만 우주가 환경세계로서 드러나는 것이 아니라 세계로서 드러나기 때문이다.

3. 이 책에서 인간현상을 보는 것은 비록 테야르의 봄이기는 하지만 신학적이거나 철학적인 설명은 아니다. 그렇게 보일 수 있는 것도 경험과학적인 추론에서 비롯된 초-물리학이나 초-생물학일 뿐이다. 그리고 테야르에 따르면 과학자는 물질뿐만 아니라 정신도 보아야 한다.

1부
생명 이전

앞에서 이미 지적한 것처럼 테야르는 이 책을 네 부분으로 나누어 서술하고 있다. **생명 이전, 생명, 생각, 초-생명**이 그것들이다. 1부인 **생명 이전**prelife은 앞에서 본 테야르의 고유한 구분, 즉 바깥쪽과 안쪽의 구분에 따라 세 장으로 구성되어 있다. 첫째 장에서는 우리가 보통 물질이라고 부르는 우주의 재료의 바깥쪽을 살펴본다. 둘째 장에서는 이러한 우주의 재료에 근대과학이 인정하지 않는 안쪽이 있다는 자신의 고유한 주장을 전개한다. 셋째 장에서는 안쪽과 바깥쪽이라는 자신의 고유한 개념을 지구에 적용하여 생명 이전 지구의 모습을 그려 본다.

1장
우주의 재료

　테야르가 우주의 재료the stuff of the universe라는 말로 가리키고자 하는 것은 우주의 모든 존재가 환원되는 ―그러므로 당연히 인간 존재도 환원되는― 근본적인 재료다. 고등학교에서 물리학을 배운 우리는 이러한 근본적인 재료가 원자핵과 전자로 구성된 원자라고 알고 있다. 생물 개체는 세포로, 세포는 분자로, 분자는 원자로, 원자는 원자핵과 전자로 구성된다는 것은 우리에게 상식으로 받아들여진다. 그리고 물리학자들은 원자핵이 핵자와 중간자로 구성되어 있는데 핵자는 다시 양성자와 중성자로 구성되어 있다고 설명한다.

하지만 이런 것들은 지금 우리가 특정 이론에 따라 알고 있는 사실들이며 앞으로 물리 이론이 발전함에 따라 새로운 사실들이 발견될 수도 있다. 어떤 의미에서 우리가 과학적 지식으로 간주하는 것은 사실의 발견일 수도 있고 설명의 발명일 수도 있다. 예컨대 지금 우리의 관점에서 보면 코페르니쿠스가 지동설을 주장하기 전에 통용되었던 프톨레마이오스의 천동설은 '발견'이 아니라 '발명'이었다. 그런 점에서 원자핵 내부에 대한 이론이 발견인지 발명인지 우리는 쉽게 판단할 수 없다.

이러한 제약 아래서, 테야르는 고생물학자로서 살아 있는 자연이 변화하는 숨은 조건들을 밝히기 위하여 원자, 분자, 개체를 단위로 하여 논의를 전개하겠다고 밝히고, 첫째 절에서는 우주를 구성하는 원소로서 물질이 가지는 세 특성을, 둘째 절에서는 이러한 물질이 전체로서 가지는 세 특성을, 셋째 절에서는 이러한 원소가 시간의 경과에 따라 변화하는 진화의 질적 모습과 양적 모습을 보여준다.

1. 원소로서의 물질

테야르는 다른 존재를 구성하는 원소인 물질elementary matter 에는 세 가지 특징이 있다고 지적한다. 그것은 다수성, 통일성, 에너지다.

다수성multiplicity이란 우리가 생각하는 원자의 수량적 특징이라고 이해할 수 있다. 예를 들어, 우리가 보는 모니터는 플라스틱이나 금속 혹은 유리로 이루어져 있다. 하지만 이 것들을 계속 잘게 나누어 나가면 모두 어떤 원자로 이루어져 있으며 그 원자는 헤아릴 수 없을 정도로 많다. 그리고 그 무수한 원자들은 ―물론 그 원자를 이루는 전자나 원자핵에서 약간의 차이를 가질 수는 있겠지만― 근본적으로 동일한 구조를 가지고 있다.

통일성unity이란 첫째, 이렇게 모든 사물들이 환원되는 원자가 보이는 동일한 구조성이다. 원자들은 차별성을 갖긴 하겠지만, 그것이 원자로서 가지는 특징에서는 동질성을 보인다. 이것이 동질성이라는 통일성the unity of homogeneity이다. 이러한 통일성 때문에 그것들은 원사라는 하나의 이름으로 불린다. 이러한 동질성 때문에 원자는 또 영역의 통일성과 집단적 통일성을 갖는다. 원자들은 자신이 영향을 미치는 영역을 다른 원자들과 공유하는데, 이것이 영역의 통일성the unity of domain이다. 그리고 원자들은 우주에 점점이 흩어져 있는 것이 아니라, 서로 모여 하나를 이룬다. 이것이 집단적 통일성the collective unity이다. 그래서 우리는 이루어진 하나를 구성 요소로 분리하는 과정 없이는 원자를 파악할 수 없다.

테야르가 말하는 **에너지**energy는 바로 이처럼 하나하나의 원자들이 모여 커다란 하나를 이루게 만드는 힘이다. 인간이 원자력을 이용하게 만든 아인슈타인의 'E=mc²'이라는 공식에서 보면 에너지는 입자에 담긴 어떤 것이며, 그렇기에 입자의 분열이나 융합에서 에너지가 부산물로 나타나는 것이다. 테야르는 이보다 더 포괄적인 의미로 물질이 바로 에너지라고 생각하며, 에너지를 연료나 운동과 같은 특정한 영역에 한정하지 않는다.

물리학자들은 물질들을 끝까지 해체했을 때 남는 것이 우주의 재료라는 의미에서 우주가 '아래에서부터' 구성된다고 본다. 하지만 테야르는 세계의 움직임을 보다 완전하게 관찰해 보면 오히려 이와 반대로 '위에서부터', 다시 말해 복잡성이라는 원리에 의해서 구성된다고 본다. 아리스토텔레스의 분류법에 따르면 물리학자들은 어떤 것이 무엇을 재료로 만들어졌는가에, 즉 질료인에 주목하고 있다면 테야르는 어떤 것이 무엇을 목적으로 만들어졌는가에, 즉 목적인에 주목하고 있다고 볼 수 있다. 테야르의 이러한 주장의 의미는 그의 논의를 좀 더 읽어보면 드러날 것이다.

테야르가 생각하는 원소로서의 물질은 이렇게 보면 "엄청나게 나누어져 있지만, 기본적으로 서로 얽혀 있으며, 어마어마하게 활동력이 큰 그런 것이다".(50)

2. 전체로서의 물질

하지만 테야르가 볼 때 이러한 물질들은 생각에서만 나누어질 뿐, 구체적 현실에서는 나누어지지 않는다. 그래서 우주의 재료인 물질은 언제나 전체 물질total matter이다. 이러한 전체 물질은 체계이고 총체이며 양자라는 특징을 지닌다고 테야르는 또한 지적하고 있다.

우주가 **체계**system라는 점은 쉽게 이해할 수 있다. 우리는 우주가 여러 요소들로 구성되어 있으며, 그 요소들 사이의 상호 관계가 아주 질서정연하다는 것을 연구 능력이 발전함에 따라 더욱 절실하게 알아가고 있다.

하지만 우리에게 아래쪽으로부터 구성되어 위쪽의 목적을 지향하는 우주는 해체할 수 없도록 어우러져 있기에 하나의 전체, 하나의 단위로 보는 것 외에 달리 볼 방법이 없다는 테야르의 견해는 낯설다. 테야르에 따르면 하늘 아래 서로 영향을 주고받지 않는 것은 없다는 것인데, 우주가 **총체**totum라는 것이 바로 이런 점을 가리킨다. 이것의 다른 의미는 부분으로부터 전체를 이해할 수는 없다는 것이다. 그물이나 사방연속무늬 같은 경우에는 부분을 되풀이하면 전체가 되기 때문에 부분만으로도 전체를 알 수 있다. 그러나 그런 구조와 물질의 구조는 전혀 다르다. 우리는 인간을 그의 손이나 머리만으로 이해할 수는 없다. 손과 머리뿐만 아니라 나머지 기관들까지 포함하여 오직 전체로서만 그를 한 인간으로 제대로 이해할 수 있다. 그러한 것처럼 우주를 어떤 원자나 분자, 별이나 은하로 이해하려고 하는 것은 이치에 맞지 않으며 우주 전체로만 이해되어야 한다는 것이 테야르의 지적이다. 전통적 과학의 분석적 방법론에 익숙한 근대인들은 이런 까닭으로 테야르의 관점에 낯섦을 느낀다.

우주가 **양자**quantum라는 표현의 의미는 무엇인가? 양자의 사전적 정의는 '에너지의 최소 단위'다. 그러므로 우주가 양자라는 표현의 의미는 전체로서의 우주가 에너지라는 뜻이기도 하다. 빛이 입자이면서 파동이듯이, 우주는 체계를 가진 총체이면서 에너지이기도 하다는 것이다. 에너지는 힘으로서 어떤 방향으로 작동하느냐에 따라 그 결과가 달라진다. 그러므로 테야르는 양자로서의 우주가 자연적이고 구체적인 운동과 관련해서만, 즉 시간 속에서 이루어지는 에너지의 활동 속에서만 제대로 이해될 수 있다고 지적하고 있다. 우리는 시간 속에서 이루어지는 이러한 운동이나 활동을 진화라고 부르는데, 이는 다음 절에서 자세히 다루어진다.

테야르가 생각하는 전체로서의 물질은 곧 우주인데, "사람이 속해 있는 이 우주가 강력하게 합치는 힘으로 뭉친 하나의 '체계'요, '총체'이며 하나의 '양자'라는 것을 모르는 사람은 의식의 역사나 의식이 우주 속에서 차지하는 자리가 무엇인지 알 수 없다"(53)고 그는 지적하고 있다.

3. 물질의 진화

물리학은 애초에 세계를 수학적으로, 즉 고정성과 기하학에 근거하여 설명하고자 했다. 하지만 학문의 발달에 따라 역사적 차원이 도입되었다. 물질을 이렇게 시간과 공간이라는 두 차원에서 보면, 현재 시점은 먼 과거로부터 먼 미래로 뻗어 있는 시간 섬유의 특정 시점에서의 단면이라고 이해할 수 있다. 이러한 물질이 놓이는 공간은 뿌리를 까마득한 과거에 내리고 그 줄기가 끝없는 미래를 향해 뻗어 있는 나무의 몸통을 특정 시점에서 자른 단면으로도 이해할 수 있다. 이러한 시공간적인 고려는 물질의 진화the evolution of matter라는 생각을 도입하게 하는데 이러한 진화의 질적인 모습과 양적인 법칙을 테야르는 다음과 같이 보여 준다.

물질의 진화를 질적인 **모습**form에서 보면, 그것은 여러 가지 원소들이 시간의 경과와 더불어 서로 모여서 조금씩 더 복잡한 큰 것들을 이루는 과정이다. 미립자들이 모여서 원자를 이루고, 원자들이 모여서 분자를 이루며, 분자들이 모여서 생명을 이루는 식이다. 그래서 테야르는 물질은 처음부터 복잡화complexification라고 하는 거대한 생명 법칙을 따르고 있다고 주장한다.

공간적으로 보면 우리는 원자와 같은 미시세계도 생각할 수 있지만, 천체들과 같은 거시세계도 생각할 수 있다. 천체는 원자와 같은 점도 있으면서 다른 점도 있다. 우리는 원자보다 분자들의 세계를 더 잘 알지만, 다른 한편으론 거시세계보다 미시세계를 더 잘 안다. 여하튼 우리의 관심은 인간현상이기 때문에 우리는 미시세계와 거시세계의 발생에서 공통으로 보이는 것에 주목할 필요가 있다. 왜냐하면 이것이 인간발생에도 영향을 미쳤을 것이라 짐작되기 때문이다. 테야르는 천체들에서 우주 물질의 우선적인 농축 concentration이 있고, 그다음에 더 높은 물질적 복합체의 형성이 수행될 수 있었다고 본다. 그리고 이러한 농축은 일정한 수량 법칙을 따른다고 한다.

테야르가 물리·화학적인 관점에서 지적하는 **수량 법칙** numerical laws은 두 가지다. 하나는 물리·화학적 변형의 과정에서 측정할 수 있는 새로운 에너지가 출현하지 않는다는 에너지 보존consevation의 법칙이다. 물론 변형에는 어떤 에너지가 관여하기 마련이다. 하지만 이 에너지는 바깥에서 더해지는 것이 아니라 원래 안에 있던 것이 사용된다. 이런 의미로 우주는 열린 상태가 아니라 닫힌 상태다. 다른 하나는 물리·화학적 변형의 과정에서 가용한 에너지 일부가 돌이킬 수 없게 엔트로피entrophy로 소실된다는 것이다. 원래 안에 있었던 에너지가 변형의 에너지로 사용되는데, 이러한 경우에 사용된 에너지는 다시 사용할 수 없는 형태의 에너지, 즉 엔트로피로 질적 저하를 겪게 된다는 것이다. 그러므로 우주는 영원히 계속될 수 없다. 한정된 발전을 하고 나면 끝이다. 그래서 우주는 태어나고 자라고 죽는 것이며, 추상적 시간이 아니라 구체적 지속 안에 살게 되고 기하학의 대상이 아니라 역사의 대상이 된다.

질적인 모습에서 보면 우주는 농축되고 더 복잡해지고 있지만, 양적인 법칙에서 보면 우주의 에너지는 그만큼 더 사용되고 가용 에너지의 양은 줄어든다. 테야르는 이를 이렇게 요약한다. "질의 차원에서 물질의 진화는 '지금 여기에서' 원자의 구성요소들이 결합되고 농축되는 과정으로 드러난다. 양으로 보자면 이 변화는 분명하지만 값비싼 작동이요, 그 과정에서 최초의 추동력은 서서히 소모된다. 원자나 분자의 활동은 쉴 새 없이 더욱 복잡하고 더욱 차원 높아진다. 그러나 올라가는 힘은 점차 상실된다."(60-61)

🖊 1부 1장 우주의 재료의 주요 내용

1. 생명 이전의 우주의 재료인 물질은 원소로서는 세 가지 특징을 가진다. 다수성·통일성·에너지가 그것들이다. 우주의 원소는 수없이 많지만, 그것들은 통일적인 특성들을 가지며, 존재 방식을 구성하는 에너지다.

2. 생명 이전의 우주의 재료인 물질은 전체로서 이해되어야 하는데, 전체는 체계·총체·양자라는 특징을 가진다. 우주는 여러 요소로 일관성 있게 구성되어 있고, 전체로서만 이해될 수 있으며, 에너지 활동을 한다.

3. 이러한 에너지 활동에 따라 이루어지는 물질의 질적인 진화의 모습은 농축과 그에 이은 복잡화라는 법칙을 따라 진행되며, 양적인 진화의 모습은 에너지 보존의 법칙과 엔트로피 증대의 법칙을 따라 진행된다. 그래서 물질적 에너지의 추동력은 점점 감소한다.

2장
사물들의 안쪽

　사전에 따르면 물질주의는 만물의 근원을 물질로 보고, 모든 정신현상까지도 물질의 작용이나 그 산물이라고 주장하는 이론이다. 이에 반해 정신주의는 우주를 지배하고 섭리하는 실재가 물질과는 다른 정신이라는 이론이다. 이론적으로 볼 때 이 두 태도는 결코 통합될 수 없을 것으로 보인다. 그러나 테야르는 이 두 관점이 만나야 한다고 생각한다. 그리고 이러한 만남을 주선하는 그의 두 개념이 사물들의 안쪽the inside of things과 바깥쪽이다. 1장에서는, 우리가 흔히 말하는 과학적인 견해를 쫓아 사물들의 바깥 측면을 이야기했다. 여기에서는, 우리가 흔히 말하는 물질주의가 아니라 정신주의적인 견해를 쫓아 사물의 안쪽을 이야기한다.

이를 위하여, 첫째 절에서는 우주의 모든 존재에 안쪽이 있음을 지적하고, 둘째 절에서는 이러한 안쪽의 세 측면을 성장의 질적 측면으로 보여 주며, 셋째 절에서는 에너지의 안쪽 측면으로 라디우스 에너지가 있음을 보여 준다.

1. 안쪽의 '있음'

과학적으로 사물의 바깥을 볼 때 우리는 보통 불변의 사물을 전제한다. 그러나 사실 이렇게 바깥에서 바라보는 사물도 아주 긴 시간 동안, 또는 아주 자세히 확대하여 보면 끊임없이 변하고 있다는 것을 우리는 과학적으로 이해하게 되었다. 사물에 대한 이러한 방식의 이해에서 설명할 수 없는 큰 장애는 의식이나 생명이다.

생명이나 의식은 물리학이나 화학으로 설명되지 않는다. 특히 생명이야 어떻게든 기계적으로 해석할 수도 있을 듯하지만, 의식은 사물을 다루는 방식으로는 결코 이해할 수 없다. 그래서 근대의 합리주의 사유를 개척했던 데카르트René Descartes는 사물, 즉 연장res extensa과 의식, 즉 사유res cogitans를 별개의 실체로 보고 인간의 의식 외의 모든 것을 사물로 간주하기도 했다. 그래서 그는 생명을 일종의 자동기계로 간주하였다.

그러나 의식이 반드시 인간에게서만 나타나는 것일까? 테야르는 그렇지 않다고 생각한다.

전에는 이렇게들 말했다. "의식은 분명하게 사람에게만 나타나는 것이니 독특한 경우요, 과학에서 관심을 둘 분야가 아니다."

그러나 이제는 고쳐서 말해야 한다. "의식은 분명 사람에게서 나타난다. 그런데 거기를 잘 들여다보면 그것은 우주로 뻗어 있고 공간과 시간으로 무한히 연장된다."(64)

과학적으로 볼 때 정신주의는 형이상학에 불과하다. 하지만 과학자로 훈련받은 신학자인 테야르는 물질주의나 정신주의라는 이데올로기에서 벗어나 현상 그 자체를 보고자 한다. 그는 과학적 연구의 방식대로 세계를 현상 그 자체에서 보게 되면 의식이 사람에게서 두드러져 보이기는 하지만, 두드러지지는 않는다고 해도 시간과 공간으로 무한히 연장되어 존재하는 것으로 드러난다고 지적한다.

이러한 그의 주장은 전통과 상당히 상치되는 것이다. 하지만 그는 전통 내에서도 이러한 그의 주장과 맥을 같이하는 태도가 이미 있었다고 지적한다. 예를 들어 원자는 물리적으로 안정되어 있지만, 붕괴하는 라듐의 발견으로 그 예외성을 발견하지 못했더라면 오늘날과 같은 원자력시대는 결코 없었을 것이다.

그는 이런 맥락에서 의식현상이 인간에게만 있다는 선입관을 버리기를 요구한다. 물리·화학적 세계의 예외현상으로 이러한 의식을 수용하지 못한다면 생물학이나 인간학에서 새로운 영역은 결코 열리지 않을 것이라는 지적이다. 테야르는 인간에게 두드러진 의식이, 척추동물에게서도 덜 두드러지긴 하지만 나타나고, 곤충에게서는 더욱 덜 두드러지지만 알아볼 수 있고, 물질에는 숨겨져 있지만 그래도 확실히 존재한다고 주장한다.

사실 테야르는 의식이 이렇게 시공간상에 펼쳐져 있다는 것에 대하여 이 장에서는 충분히 정당화하려고 하지 않는다. 아마도 3부 3장과 4부 2장에서 친화성이라는 주제를 다루면서 추가적으로 정당화될 것이라 생각하기 때문으로 보인다. 그가 여기서 말하는 정당화는 우리 인간의 존재 한가운데에 안쪽이라고 볼 수밖에 없는 것이 있는데, 애초에 없었던 것이 우리에게 있을 수 없으므로 우주에 처음부터 어디에나 안쪽이 어느 정도 있다existence고 말하기에 충분하다는 것이다.

테야르는 자신의 이러한 현상 서술이 상상이 아니라 논리적인 것이라 주장한다. 이 주장의 설득력은 다른 논의들과 결합할 때 더욱 강력해질 것이니, 일단 이러한 테야르의 입장을 받아들여 보자. 테야르에 따르면 우주의 구조는 필연적으로 양면적이다. 시간과 공간의 모든 영역에서 우주는 알갱이로서 바깥쪽도 가지지만 안쪽도 가진다. 테야르는 이러한 안쪽inside을 부르는 다른 이름이 의식consciousness이고 자발성spontaneity이라고 지적한다.

사물들을 이렇게 이해한다면 사물들은 결정된 법칙을 따

르는 바깥쪽과 법칙으로부터 자유로운 안쪽을 가지는 모순적인 존재가 된다. 테야르는 우리가 사물들의 안쪽이라고 부르는 것의 성장과 변화를 지배하는 질적인 법칙들the qualitative laws of growth을 보게 되면 이러한 모순에 대해서 답할 수 있을 거라고 주장하면서 성장의 질적 법칙이라는 둘째 절로 넘어간다.

2. 성장의 질적 법칙

그렇다면 이 안쪽은 어떻게 생겼는가? 이러한 안쪽의 생김새에 대하여 테야르는 세 가지 통찰을 제시한다.

첫 번째 통찰은 초기 존재는 안쪽이 바깥쪽과 마찬가지로 입자들의 단순한 결합으로 이루어져 있다는 것이다. 즉 ① 그 미립자들은 서로 완전히 닮았고, ② 미립자가 영향을 끼치는 영역을 공유하며, ③ 전체 에너지에 의해서 신비롭게 함께 연결되어 있다. 이러한 원자성atomicity은 사물의 안쪽과 바깥쪽이 공유하고 있는 속성이다.

두 번째 통찰은 이러한 원시적인 상태가 우주의 진화가

이루어짐에 따라 복잡해진다는 것이다. 물론 안쪽의 가장 밝은 형태를 볼 수 있는 곳은 진화의 정점에 서 있는 우리 인간이다. 그렇다면 가장 어두운 형태는 진화의 출발점인 우주의 재료다. 그러므로 원시적인 사물의 안쪽은 어둠에 파묻혀lost in darkness 있다. 그렇기에 우리는 그곳을 직접 볼 수는 없다. 다만 생명에서 생각으로의 성장 과정을 미루어 짐작할 뿐이다.

세 번째 통찰은 이렇게 성장 과정 중에 있는 두 미립자를 비교해 보면 존재의 안쪽과 바깥쪽이 서로 대응하고 있다는 것이다. 바깥쪽 물질 구성이 복잡해짐에 따라 안쪽 의식의 집중 또는 농축도 커진다. 왜냐하면 정신의 완성도 spiritual perfection(혹은 의식의 중심성conscious centricity)와 물질의 종합material synthesis(혹은 복잡성complexity)은 같은 현상의 연결된 측면들이거나 부분들이기 때문이다.

사실 안쪽은 처음에는 안 보이지만 진화가 진행됨에 따라 서서히 드러나고, 상당히 진행되면 점진적으로 바깥쪽을 지배한다. 테야르는 우주에 이러한 방향의 진화가 보인다고 주장하면서 이러한 진화의 각 단계에 적합한 학문들을 구분하고 있다. 숫자가 많고 덜 복잡하기에 수학 법칙의 지배를 받는 상태에 대해서는, 달리 말해 조직되지 않은 다수에 대해서는 물리·화학이, 더 복잡하여 숫자의 예속에서 벗어난 상태에 대해서는, 달리 말해 통일된 다수에 대해서는 생물학이 담당해야 한다는 것이다.

정리해 보면 성장에는 양적인 측면과 질적인 측면이 있는데, 양적 성장은 수량의 증대이지만 질적 성장은 복잡성의 증대다. 또 양적 성장은 집단효과만을 가질 뿐이지만 질적 성장은 집단효과를 넘어서는 자유를 갖는다. 우리는 충분히 복잡화되기 이전의 존재에 대해서는 물리·화학적 통찰을, 충분히 복잡화된 존재에 대해서는 생물학적 통찰을 적용하지만, 수준의 차이가 있을 뿐 두 종류의 존재는 안쪽과 바깥쪽을 모두 가진다는 점에서는 같다. 그래서 테야르는 다음과 같이 주장한다. "'질'의 관점에서 보면, 우주가 바깥쪽으로 기계적인 것으로 보인다고 해도, [안쪽으로는] 자유로 이루어져 있음을 인정하는 데 아무런 모순이 없다."(69)

3. 정신 에너지

중국문화권에서 흔히 사용하는 관용적 표현으로 '정신일도하사불성精神—到何事不成'이 있다. 이는 '정신을 하나로 모으면 이루지 못할 일이 없다'라는 뜻인데, 우리는 이렇게 정신을 일을 이루는 능력으로 본다. 물론 과학적으로 정신이 에너지인가라고 묻는다면 그 답은 '아니오'다. 그러나 우리는 자신이 어떤 마음을 갖느냐에 따라 일이 달라진다는 것을 알고 있다. 이럴 때 그 마음을 정신 에너지spiritual energy라고 부를 수 있다. 이렇게 보면 우리의 구체적인 행위에는 두 개의 대립적인 힘들이 관계되어 있다고 생각해야 한다. 예컨대 우리가 어떤 일을 할 때는 육체적인 힘 또는 정신적인 힘 하나만으로는 안 되며, 이 둘이 같이 있어야 한다. 그러므로 우리는 모순적인 **두 에너지의 문제**the problem of the two energies를 피할 수 없다.

테야르는 먼저 물질 에너지와 정신 에너지의 관계에 대하여 지적한다. 그는 우선 '먹어야 생각한다'는 간단한 명제를 통해서 정신 에너지가 물질 에너지에 의존한다는 점을 지적한다. 그러나 동시에 그는 두 에너지가 관계를 맺고 있기는 하지만 경우에 따라 그 관계가 다르다는 점을 지적한다. 어떤 경우에는 물질 에너지가 우위에 서지만 다른 경우에는 정신 에너지가 우위에 서기도 하기 때문이다.

이러한 단순하지 않은 상황을 설명하기 위해서는 테야르는 **한 종류의 해결책**one line of solution으로 두 가지 주장을 제시한다. 하나는 모든 에너지는 본질적으로 마음을 지닌다all energy is essentially psychic는 것이다(이러한 주장은 우리에겐 낯선 것이지만 모든 존재의 안쪽과 바깥쪽을 인정하는, 그리고 물질보다 정신을 앞세우는 테야르의 입장에서는 별로 문제가 되지 않는다. 이는 달리 말하자면 '모든 존재는 안쪽을 가진다'는 말과 같은 의미기 때문이다). 일단 이렇게 에너지에 마음을 인정하고서 테야르는 에너지의 기계적인 측면과 마음적인 측면을 구분한다.

다른 하나는 그가 말하는 '모든 에너지'에는 두 종류의 에너지가 있다는 것이다. 그 하나는 우리가 보통 에너지라고 부르고 엔트로피 법칙이 적용된다고 하는 '탄젠트 에너지tangential energy'다. 다른 하나는 이런 에너지와 구별되게 우주의 진화, 즉 복잡화를 이끌며 존재의 목적성을 보여 주는

'라디우스 에너지radial energy'다. 이 두 에너지에 대한 테야르의 진술은 앞서 본 그의 용어 '안쪽'과 '바깥쪽'과 더불어, 그리고 나중에 보게 될 '오메가포인트'와 '사랑에 대한 재정의'와 더불어 그의 창의적이고 핵심적인 논의들 중의 하나다.

개별 원소들 속에서 이 근본적인 에너지는 서로 다른 두 개의 구성요소로 나누어진다. 하나는 '탄젠트 에너지'로서 그 요소를 자기와 같은 수준의(같은 복잡성과 같은 중심성을 가지는) 모든 요소들과 상호의존적으로 만드는 힘이다. 다른 하나는 '라디우스 에너지'로서 그 원소를 더 복잡하고 더 집중이 되는 방향으로, 앞쪽으로 끌고 가는 힘이다.

최초 상태가 자유로운 탄젠트 에너지의 상태라고 할 때, 최초 상태의 입자는 이웃 입자와 결합하여 안이 복잡하게 되고 그럴수록 (그 집중성이 커지기 때문에) 라디우스 에너지를 높이게 된다는 것이 분명하다. 한편 그렇게 생긴 라디우스 에너지는 탄젠트 영역 속에서 새로운 정돈으로 반응한다.(71-72)

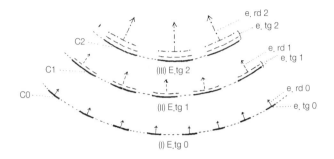

그림 2　자오선의 극점에의 수렴에 따르는 탄젠트 에너지와 라디우스 에너지의 변화
(Sarah, 229)

　이렇게 에너지를 구분했기 때문에 그는 생명과 사유의
발생을 라디우스 에너지의 증대로, 이러한 증대를 이끄는
동력원이자 목적점으로 오메가포인트를 이야기하게 된다.
하지만 생명 이전을 다루는 여기서는 아직 라디우스 에너
지에 대하여 자세히 논의할 수 없는 단계이기에 자세한 논
의는 뒤로 미루어 놓는다.

📝 1부 2장 사물들의 안쪽의 주요 내용

1. 우주의 재료인 물질에도 안쪽이 있다. 우리가 인간에게 없다고 할 수 없는 의식이나 자발성과 같은 안쪽이 애초부터 물질에도 있다. 물론 결정론적인 바깥쪽과 자유론적인 안쪽이 있다고 하면 모순적으로 보이기는 한다.

2. 이러한 모순을 해결하기 위해서는 이 둘을 같은 현상의 대립적인 측면으로 보아야 한다. 안쪽과 바깥쪽은 마찬가지로 원자성을 가지지만 발생의 초기에서 보면 안쪽은 어둠에 가려져 있다. 이러한 안쪽의 의식과 바깥쪽의 복잡성은 서로 대응하고 있다.

3. 에너지로 바라보면 바깥쪽은 물질 에너지를, 안쪽은 정신 에너지를 갖는데, 테야르는 이러한 에너지에 각각 탄젠트 에너지와 라디우스 에너지라는 이름을 부여하고, 전자를 동일 수준에서 서로 영향을 주는 에너지로, 후자를 새로운 수준으로 이끄는 에너지로 구분한다.

3장
젊은 지구

우리는 지구상에 살고 있지만, 겸손하게 지구 바깥의 존재를 인정한다. 그래서 앞에서도 우리는 지구가 아니라 우주를 기준으로 논의했다. 그러나 ―먼 미래에는 어찌 될지 모르지만― 인간현상은 지금까지 지구에 한정되어 있었다. 그래서 테야르는 이제 지구에 주목한다.

지구가 어떻게 형성되었는가를 설명하는 데는 다양한 이론들이 있을 수 있지만, 여하튼 먼 옛날에 태양계가 만들어졌고, 태양계의 행성들 가운데 하나로 지구가 만들어졌으며, 우리는 그렇게 형성된 지구 위에서 살고 있다. 하지만 인간이 등장하기 이전의 ―심지어는 생명이 등장하기 이전의, 즉 생명 이전의― 젊은 지구juvenile earth는 어떤 모습이었을까?

테야르는 1부 **생명 이전**에서는 **젊은 지구**를, 2부 **생명**에서는 **어머니-지구**를, 3부 **생각**에서는 **오늘날의 지구**를, 4부 **초-생명**에서는 **궁극의 지구**를 각 부의 마지막 장으로 다루고 있다. 그리고 여기 젊은 지구에서는 지구의 바깥쪽을 결정세계와 중합세계로, 지구의 안쪽을 자신을 감싸 안기로 보여주고 있다.

1. 바깥쪽

우주 속에 은하계가 있고 은하계 속에 태양계가 있으며 태양계 속에 지구가 있다. 이러한 지구는 속에서부터 겉으로 지핵권, 암석권, 수권, 대기권, 성층권으로 나뉜다. 하지만 이러한 지구에서의 결합은 두 종류로 구분될 수 있는데, 그 하나는 원자 수준의 결합이고 다른 하나는 분자 수준의 결합이다. 테야르는 전자를 **결정화하는 세계**crystallizing world라는 제목 아래, 후자를 **중합화하는 세계**polymerizing world라는 제목 아래 서술하고 있다.

결정체로서의 세계는 우리가 흔히 말하는 무생물로서의 세계다. 무생물로서의 세계는 원자와 원자가 서로 붙어 분자를 이루기는 하지만, 물리적인 결합을 이룰 뿐 화학적인 결합을 이루는 것은 아니다. 그렇기에 비록 지구 최초의 구성물이기는 하지만, 무생물의 세계는 기하학적 구조의 결정체에 불과하다.

중합체로서의 세계는 우리가 흔히 말하는 생물로서의 세계다. 탄소와 수소와 산소와 질소가 결합하여 만든 중합체들은 유기화합물이라고 불리면서 무생물을 이루는 무기화합물과 구분된다. 이것들은 원자 대 원자가 아니라 분자 대 분자로 화학적으로 결합한다. 원자 대 원자 결합에서는 이론상 무한한 결합이 가능하지만 분자 대 분자 사이에는 결합이 제한되어 있다. 그리고 지구는 점점 더 크고 복잡한 분자를 만들어 낸다.

테야르는 이렇게 젊은 지구의 결정체와 중합체가 구분되기는 하지만 이는 '동전의 양면'이라는 점을 지적한다. 이러한 그의 지적은 불가분리한 그 측면들이 지구의 대지 활동이라는 하나의 활동의 소산이며, 젊은 지구에는 애초에 이 둘이 함께 있었다는 의미다. 우리는 일반적으로 무기물이 진화의 과정을 거쳐 유기물로 되었을 것이라고 생각하지만, 테야르는 그것을 부정한다.

"처음에 모호하고 원초적인 방식으로 있지 않았던 것이 나중에 진화를 거쳐 터져 나온 것은 없다. 어떤 것이 처음에는 없다가 진화의 문턱을 차례차례 타고 넘어 궁극적인 것으로 어느 날 생겨나지는 않았다는 말이다. 유기체가 가능한 처음부터 지구상에 있기 시작하지 않았다면 나중에도 있기 시작할 수 없을 것이다."(77-78)

2. 안쪽

앞서 우리는 테야르가 사물은 바깥쪽과 더불어 안쪽을 가진다고 주장하고 있음을 보았다. 테야르의 제안은 상식적인 과학 이론과는 배치되지만, 보통 우리가 '참'이라고 간주하는 과학 이론에 대한 하나의 대안이라고 생각하고 수용할 수 있을 것이다. 이제 우리는 우주가 아니라 지구를 다루게 되었기 때문에, 사물 일반의 안쪽이 아니라 지구의 안쪽에 대해서 생각해야 한다.

테야르가 우선 주장하는 것은 범종설Panspermia에 대한 반대다. 범종설이란 생명이 지구에서 자체적으로 비롯된 것이 아니라 지구 바깥의 어떤 곳에서 비롯되어 유성이 지구에 떨어짐으로써 지구에 자리하게 되었다는 이론이다. 그는 이를 단호히 배격하며 젊은 지구에 이미 씨앗이 있었다고 주장한다.

테야르는 인간현상을 해명하기 위하여 범종설에 의존할 필요가 없으며, 자신의 안쪽과 바깥쪽의 구분만으로 충분하다고 주장한다. 안쪽의 정신적 에너지인 라디우스 값은, 바깥쪽의 화학적 복합성이 증대됨에 따라 양수로, 절대적으로 정해진 한계 없이 증대한다. 그런데 젊은 지구의 바깥쪽에서는 이러한 화학적 복합성이 증대하고 있었다. 따라서 젊은 지구의 안쪽에서도 라디우스 에너지가 증대했다.

라디우스 에너지는 탄젠트 에너지처럼 에너지의 소모가 아니라 선택적인 자유를 의미한다. 그래서 어떤 특정한 방향으로 중합이 이루어지게 한다. 그러므로 거대분자로의 발전은 외계에서 뿌려진 씨앗에서 비롯된 것이 아니라 지구 자체의 라디우스 에너지에 의해서 추진된 것이다.

테야르는 젊은 지구의 모습이 마치 눈에 덮인 대지와 같이 수많은 단백질 알갱이에 덮인 상태였으리라 추측하면서 이러한 알갱이들에는 안쪽이 있고, 이러한 안쪽은 무수한 중심들이 상호적 연합체를 구성함으로써 중합한다고 지적한다.

지금까지 지구에 대해 살펴본 것들을 종합하면 안쪽의 증가는 이중적인 연결된 감싸 안음으로써 일어난다. 분자가 자신을 감싸 안고 행성이 자신을 감싸 안음으로써 일어난다.(80)

테야르가 말하는 '자신을 감싸 안기enfolding on oneself'는 무엇을 의미할까? 테야르의 『인간현상』을 한국어로 번역했던 양명수 교수는 이를 '안으로 감겨 들어가기'라고 번역했다. 테야르가 때로는 'enfolding in on itself'와 같은 방식으로, 따로 새기자면 '자신을 속으로 감싸 안기'와 같이 표현하고 있기도 하기 때문이다. 이러한 질문에 대해서 테야르가 제시하는 답은 '여럿이 하나 됨the condition of unity in plurality'이다. 그리고 이것은 단순히 '조각들의 더미an aggregate of parcels'가 아니라 '무수한 중심들의 상호의존적인 결합체an interdependent mass of infinitesimal centers'를 가리킨다. 테야르가 자신을 감싸 안는다고 말할 때 그가 의미하려는 바는 바로 이것이다.

테야르가 의미한 것과는 약간의 차이가 있지만, 마굴리스Lynn Margulis가 이해한 세포가 바로 이러한 상호의존적인 결합체다. 세포는 세포핵과 세포질로 구성되어 있는데, 그녀에 따르면 세포질을 구성하고 있는 요소들은 과거에 원핵세포들, 즉 핵이 없는 세포들이었으나 서로 결합하여 진핵세포, 즉 핵이 있는 세포를 구성하였다. 바로 이러한 결합방식을 테야르는 '자신을 감싸 안는다'고 표현한다. 라디우스 에너지의 증대는 이러한 결합을 촉진하여 드디어 생명에 이르게 한다.

✎ 1부 3장 젊은 지구의 주요 내용

1. 생명 이전 젊은 지구의 바깥쪽에는 결정체들과 중합체들이 공존하였다. 이것들은 젊은 지구의 대지 활동의 다른 결과들이다. 결정체들에서 중합체들이 형성된 것이 아니다.

2. 생명은 외계에서 온 것이 아니라 중합체가 자신을 감싸 안음에 따라 라디우스 에너지가 증가된 결과다. 즉 젊은 지구 자체 내에서 생명이 싹트고 있었다.

2부
생명

테야르는 이 책을 네 부분으로 나누어 서술하고 있다. **생명 이전, 생명, 생각, 초-생명**이 그것들이다. 2부인 **생명**life은 세 장으로 구성되어 있는데, 첫째 장에서는 생명이 어떻게 하여 출현하였는가를, 둘째 장에서는 이렇게 출현한 생명이 어떻게 팽창하였는지를, 셋째 장에는 이렇게 등장하고 팽창한 생명이 어떤 방향으로 상승하였는지를 다루고 있다. 인간은 때로 자기반성의 능력을 발휘하여, 자신이 특별한 이유도 없이 스스로를 다른 생명보다 더 고귀한 것으로 생각하고 있는 것은 아닐지 의심하기도 한다. 여기서 테야르는 과학자의 관점에서 보아도 인간은 분명 다른 생명보다 더 고귀한 존재임을 밝히고자 한다.

1장
생명의 출현

    삶과 죽음이라는 대립 구조에서 보면, 생명체와 생명이 끊어진 주검은 건너뛸 수 없는 장벽에 의해 구분되어 있다. 생명체는 계속 살아가고, 주검은 해체된다. 하지만 생명이 시작하는 시공으로 거슬러 올라가 본다고 가정하면 무기물계와 생명계가, 즉 살아 있는 원형질과 죽은 단백질 사이가 그렇게까지 확연히 구분되지는 않을 것이다. 이는 단세포 단계에서 동물과 식물의 구분이 확실하지 않은 것과 마찬가지다. 물론 그렇다고 해서 그러한 구분이 무의미한 것은 결코 아니다.

    테야르는 모든 새로운 존재가 원래부터 있던 씨앗에서

발생한다는 우주적인 배아발생cosmic embryogenesis의 관점을 견지하고 있는데, 그렇다고 해서 새로운 존재가 역사적으로 탄생historical birth한다는 것을 부정하고 있지는 않다. 그는 모든 영역에서 어떤 것의 양이 충분히 증가하면, 그것의 모습이나 상태, 혹은 본성이 변화된다는 관점 또한 견지한다. 일상적으로 보면 액체인 물이 끓어 기체가 되는 것을 이야기할 수 있는 것인데, 발달의 과정에는 온갖 도약들과 임계점들, 상태의 변화 등 여러 수준의 단계들이 있다는 것이다. 그가 생명의 출현the appearance of life을 이야기하는 맥락은 바로 이러한 것이다.

우리가 실험실에서 생명의 탄생을 재현할 수 없는 한 어떻게 이러한 일이 일어났는지 알 수 없다. 지금으로서는 어떻게 분자로부터 미생물이, 화학물질에서 유기물이, 생명 이전에서 생명이 나왔는지 자세히 알 수 없다. 하지만 테야르는 자연 발달들을 비교 연구함으로써 유비적으로 생명이라는 새로운 질서의 시작에 대하여 논의해 보고자 한다.

그래서 그는 첫째 절에서 생명의 발걸음은 거대분자에서 세포로 진화하는 세포혁명을 통해 시작되었음을 밝히고,

둘째 절에서는 처음으로 나타난 생명의 모습을 추정하며, 셋째 절에서는 생명이 여러 이유로 볼 때 단 한 번 출현하였음을 지적하고 있다.

1. 생명의 발걸음

진화론에 익숙한 우리의 관점에서 보면, 생명은 무생물에서 생성된 것이다. 즉 생명의 발걸음the step of life은 무생물로부터 시작하였다. 가장 유명한 사례는 1953년 시카고 대학의 화학자인 유리Harold Urey와 밀러Stanley L. Miller가 무기물질에 전기자극을 가하여 유기물질을 형성하는 일에 성공하였던 실험이다. 2014년 체코의 화학자인 치비스Svatopluk Civiš는 전기 대신 레이저를 이용하여 DNA와 RNA를 구성하는 다섯 개의 염기를 모두 만들었다.

테야르도 이러한 관점을 취하는데, 그는 세포가 질적·양적으로 화학세계에 뿌리를 내리고 있으며 소급되어 가면 분자에 이를 것이라고 보았다. 그는 바이러스와 같은 **미생물**microorganism과 **거대분자**megamolecules세계 사이에 어떤 연결이 있을 것이라 짐작하고 있다. 유리와 밀러의 실험이나 치비스의 실험은 바로 이러한 연결이 방전이나 레이저 충격과 같은 방식으로 일어났으리라 추측하게 한다.

이렇게 생명 이전에서 생명으로 넘어왔다고 가정할 때도 여전히 우리가 쉽게 범하는 오류가 있다. 그것은 사라진 초기 존재에 대한 간과다. 동식물들을 포괄적으로 분류했다고 하는 린네Carl von Linné의 분류표에도 바로 이러한 오류가 담겨 있다. 린네는 존재하고 있는 생물체들을 대상으로 분류표를 만들 수밖에 없었다. 그 결과 존재하고 있으나 발견되지 않은 생물체나 과거에 존재하였으나 지금은 존재하지 않는 생물체를 무시하고 말았다.

테야르는 지금의 종이 존재하기 위하여 존재해야만 했던 과거의 종을 포괄하는 통시적인diachronic, 즉 과거로부터 현재에 이르는 여러 시점을 통괄하는 연구가 필요하며 린네의 공시적인synchronic, 즉 당시라는 한 시점에서의 연구는 이런 까닭으로 오해를 자아낼 수 있다고 지적한다. 그래서 그는 공시적 연구에서 **망각된 시기**forgotten era를 복원해야 한다고 지적하고 있다.

그가 염두에 두고 있는 그 시기는 바로 거대분자의 시기다. 거대분자 영역은 분자 영역과 세포 영역 사이의 경계 영역에 들어간다고 볼 수 있다. 하지만 지금 남은 것은 분자와 세포밖에 없기에, 우리는 일반적으로 거대분자의 시기를 상정하지 않는다. 테야르에 따르면 바로 이러한 거대분자의 시기가 간과된 시기다.

테야르는 이렇게 망각으로부터 복원된 거대분자의 시기에 대하여 이것이 상당히 긴 기간이었을 테지만, 이러한 긴 기간이 완전히 새로운 어떤 것을 발생시킴으로써 한 시대를 마감하는 어떤 임계점 같은 것을 포함하였으리라고 짐작한다. 그 임계점은 바로 거대분자에서 세포로의 혁명적인 변화다. 그는 이를 **세포혁명**cellular revolution이라고 부른다.

이러한 세포를 바깥쪽에서 보면 거대분자들보다 복잡하고, 세포들끼리는 서로 닮았다. 세포질과 핵으로 구성된 세포는 거대분자들보다 훨씬 클 뿐만 아니라 그 구성 요소가 아주 복잡complexity하며, 그러한 복잡성에 따라 점착성·삼투현상·촉매 작용 등의 기능적 복잡성도 가진다. 그러나 우리가 세포라고 부르는 것들이 아무리 다양한 형태를 가진다고 해도 그것들은 세포로서의 동질성을 가지고 있다. 즉 세포는 세포라는 고정fixity된 형태를 유지하고 있다. 우리는 그것을 원자로 구성된 분자처럼 분자로 구성된 세포라고, 즉 우주를 이루는 재료가 복잡해지는 새로운 단계라고 이해할 수 있다.

이러한 세포를 안쪽에서 보면, 다시 말해서 탄젠트적인 측면이 아니라 라디우스적인 측면에서 바라보면 ─테야르는 이것을 다음 장에서 논의할 예정이지만, 우리의 과학적 상식에 따르면─ 동화와 이화, 분열과 복제와 같은 새로운 라디우스가 형성되었음을 알 수 있다. 이러한 라디우스는 세포 이전에는 없던 것이다. 복잡성의 증가가 의식의 상승으로 나타난다는 일반법칙이 생물에 적용될 때 이와 같은 모습을 보인다고 하겠다.

테야르도 이렇게 지적한다. "물질의 종합 상태가 증가하면서 종합된 그것에서 의식이 강화된다. 바로 그러한 사실 자체에 의하여 원소의 가장 안쪽의 배열에서 결정적인 변형이 일어나는데, 우주의 꾸러미들의 의식상태가 그 '본성에서' 변화한다."(93)

2. 생명의 첫 출현

우리는 '처음으로 출현한 생명체the initial appearance of life'의 흔적을 찾아볼 수 있을까? 테야르는 단호히 그러한 흔적을 찾을 수는 없다고 지적한다. 그러한 생명체의 흔적은 이미 사라져 버렸기 때문이다. 그렇지만 그는 직접적으로는 아니더라도 간접적으로 그 생명체를 짐작할 수 있다고 본다.

그는 먼저 세포가 출현한 **환경**milieu이 어떠했을 것인가와 관련해서 의견을 개진한다. 그의 견해는 다른 고생물학자들과 별로 차이가 없다. 아주 뜨거운 지구가 차츰 식어 가는 과정 중에 세포가 아마도 물속에서 처음 형성되었으리라는 것이다. 테야르의 견해의 독특성은 세포의 **작음**smallness과 **수**number에 관한 논의에 있다. 즉 최초의 세포가그 크기는 아주 작으면서도 그 숫자는 아주 많았을 것이라는 점이다.

여기에서 해결하기 어려운 문제가 하나 제기된다. 그 수많은 세포들이 과연 어떠한 방식으로 생겨났는가 하는 의문, 즉 **수의 기원**the origin of number의 문제다. 또 한곳에서 발생하여 다수의 지역으로 퍼졌느냐, 여러 곳에서 발생하여 여러 지역으로 퍼졌느냐의 문제다. 테야르는 이 문제가 강조점만 다르지 본질적인 차이가 있는 것은 아니라면서 오히려 어떻게 조직되었느냐가 본질적인 문제라고 지적한다.

원자나 분자를 섞는 문제를 다룰 때는 물질들이 작동하는 방식들을 설명하기 위하여 개연성이라는 숫자 법칙들을 사용하는 것으로 충분했다. 하지만 세포들의 자발성이 높아짐에 따라 그것들에는 개별화하는 경향이 있게 되므로 보다 복잡한 배열이 생겨난다. 이는 결국 물리학과 생물학의 차이고, 양과 질의 차이다. 간단히 말해서 이제까지와는 **상호연결**interconnection**과 모습**shape이 다르다는 것이다.

테야르가 지적하는 연결 모습의 차이점은 두 가지다. 하나는 앞에서 마굴리스를 인용하면서 지적하였듯이 요소들이 서로 의존하는 형태로 연결되어 있다는 것이다. 마굴리스가 적절하게 설명했던 것처럼, 세포들은 단순히 기계 같은 결합이 아니라 공생 또는 한집안 살림과 같은 모습으로 연결되어 있다는 것인데, 테야르는 이를 개개의 '거품'이 아니라 하나의 '막'이라는 표현으로 지적한다.

두 번째 차이는 요소들이 그러한 막 안으로 아무렇게나 들어온 것이 아니고 어떤 선택의 기준에 따라 들어왔다는 것이다. 물론 그러한 선택의 기준이라는 것은 지금의 생물체로부터 역추적할 수밖에 없다. 그가 지적하는 예는 박테리아에서 사람에 이르기까지 모든 생물체는 똑같은 형태의 비타민과 효소를 지닌다는 것이다. 이것은 생물체의 외형적인 차이에도 불구하고 세포들의 어떤 동질성을 보여 주고 있으며, 오늘날 생명체를 구성하고 있는 어떤 세포는 자연선택되었고 우리가 흔적을 결코 찾아볼 수 없는 도태된 다른 세포는 자연선택되지 않았음을 보여 준다.

　　생명이 처음 출현하였을 때의 모습을 테야르는 이렇게 요약한다. "아주 미세한 요소들의 많은 수효, 지구를 덮을 정도로 꽤 많은 수효, 그러나 구조적으로나 발생적으로 상호연관된 전체를 형성하기에 충분하도록 밀접하게 관계되고 선택된 다수, 멀리서 볼 때 우리에게 보이는 기본 생명의 모습은 그렇다."(98-99)

3. 생명의 계절

생명의 자연발생에 대한 과거의 논쟁에서 푸셰Pouchet와 파스퇴르Pasteur의 논쟁은 시험관을 잘 소독하고 밀봉해 두면 결코 생명체가 발생하지 않는다고 주장한 파스퇴르의 승리로 끝났다. 그래서 우리는 생명 없는 것에서 생명이 태어나지는 않는다고 결론지었다. 그러나 오늘날의 관점에서 보면 이러한 문제를 간단한 실험으로 결론짓는 것은 너무 성급해 보인다. 과거 어느 시점에 있었던 일이 지금도 진행되고 있는지도 모른다.

생명의 발생과 관련하여 유리와 밀러의 대기 기원설이나 크릭Francis Crick의 우주 기원설과 대비되는 바흐더하우저 Gunther Wachterhauser의 심해저 열수구 기원설에 따르면 지금도 심해저 열수구에서는 계속 온수가 분출되고 있고 여기에서 뿜어져 나오는 황화질소는 지구상의 최초의 유기분자와 비슷한 것으로 알려져 있다. 이렇게 보면 지금도 생명은 계속 발생하고 있을 수도 있다.

하지만 테야르는 생명이 단 한 번 출현하였다고 보며, 이러한 사실을 뒷받침하는 가장 좋은 증거는 생명계를 묘사한 계통수 구조의 단일성이라고 지적한다. 그래서 그는 오늘날 지구상의 무기물로부터 원형질이 직접 형성되는 일은 없다고 단언한다. 그는 하루살이가 겨울을 모르는 것처럼 인류가 자신이 경험해 보지 못한 과거와 미래를 무시하는 것은 오만이라고 거듭 지적한다.

그는 현재의 원인만을 주목하는 과학의 전통적 입장을 수정해야 한다고 주장한다. 하지만 그의 주장대로 조사하려는 지금 이 시점에 사라져 흔적조차 없는 과거가 있다고 인정한다 해도, 여전히 생명이 여러 차례 발생하여 다양한 선조들로부터 발생하였는지, 아니면 생명이 한번 발생하여 하나의 선조로부터 발생했는지의 문제가 남는다. 현존하는 생명의 다양성을 볼 때는 전자의 입장이 힘을 얻지만, 생명이 가지는 공통성을 보면 후자의 입장이 힘을 얻는다.

테야르는 세포 유형이 완벽하게 하나라는 점을 들어 후자의 관점을 취한다. 그는 특히 동물에서 감각, 혹은 영양 공급이나 생식, 혈관 조직, 신경 조직 등이 똑같은 방식으로 나타나며, 심지어는 개체가 서로 뭉치고 사회가 되는 방식까지도 비슷하다는 점을 지적한다. 아울러 생명체 발생의 일반법칙, 즉 개체발생이 계통발생을 반복한다는 것을 보아도 단 한 번 있었던 생명의 계절the season of life, 바로 그때 생명이 발생했다고 보는 것이 설득력이 있다고 본다.

테야르는 주기설도 부정한다. 일정한 주기를 두고 현상이 반복적으로 나타난다는 주기설은 현재만을 바라보는 것과 비슷한 입장으로서 합리성의 법칙을 따르기는 하지만 이는 핵심과제, 즉 진화를 놓치는 일이라고 지적한다. 지구물리학도 그와 같은 방식으로 보기 어렵지만 지구생물학은 절대로 돌이킬 수 없는 연속적인 상승 과정이 진행되고 있음을 확실히 보여 준다는 것이다.

그가 볼 때 중요한 점은 순환이 아니라 결정적 변화가 일어나는 임계점을 발견하는 것이다. "'세포혁명'은 지구 진화 곡선 위에서 하나의 임계점이요, '발아점'으로서 둘도 없는 순간이다. 우주에 단 한 번 핵과 전자들이 출현했듯이 지구에 단 한 번 원형질이 출현했다."(104) 테야르는 우주를 이렇게 파악하면서 생명이 어떻게 새로운 임계점을 넘어서는가를 추적한다.

🖊 2부 1장 생명의 출현의 주요 내용

1. 생명은 거대분자와 미생물 사이의 어떤 시공상에서 출현하였을 것이다. 현재 확인할 수 있는 것에만 의거하면 이러한 거대분자의 시기가 있었다는 사실을 놓치게 된다. 그리고 이 시기에 세포혁명이 일어나 복잡성이 증대된 고정된 형태의 세포가 출현하였을 것으로 추정된다.

2. 이렇게 생명을 가진 세포가 처음 출현하였을 때 그것들은 공생적인 관계 속에서 막으로 둘러싸여 집합적 형태로 존재하였을 것인데, 이 막은 어떤 기준에 따라 세포로 들어오는 요소들을 선택했던 것으로 보인다.

3. 계통수의 단일성이나 세포 유형의 단일성, 또 개체발생이 계통발생을 반복한다는 점 등으로 미루어 볼 때, 원자가 단 한 번 출현하였듯이, 생명도 단 한 번 발생하여 진화하고 있는 것으로 보인다. 즉 생명은 바로 그 생명의 계절에 단 한 번 출현하였다.

2장
생명의 팽창

    호수의 파문을 이해하려면 일단 하나의 파문이 어떻게 생겨나는지 그리고 어떻게 전개되는지 검토하고, 이러한 파문이 매질이나 주변과 어떻게 영향을 주고받는지를 덧붙여 검토해야 한다. 마찬가지로 생명현상을 분석할 때도 하나의 생명이 어떻게 생겨나는지 어떻게 전개되는지 검토하고, 그러한 생명이 다른 생명이나 주변과 어떻게 영향을 주고받는지를 덧붙여 검토해야 한다.

    그래서 테야르는 이 장의 첫째 절에서 다양한 생명의 기본운동들을 서술한 다음 이러한 운동의 결과로 나타나는 생명의 방식들을 보여 주고, 둘째 절에서 생명의 가지 뻗기를 문phylum의 발생, 윤생체verticil의 발현, 꽃자루peduncle의 숨김을 중심으로 살펴본다. 그리고 셋째 절에서는 생명들이 어떻게 영향을 주고받는지를 계통수의 이모저모를 검토함으로써, 전체적으로 생명의 팽창the expansion of life을 보여준다.

1. 생명의 기본운동

앞 장에서 우리는 생명의 새로운 라디우스로 동화와 이화, 분열과 복제를 생각해 보았다. 테야르는 생명의 기본운동the elementary movements of life으로 다음 여섯 가지를 제시하고 있다. 복제·증식·혁신·접합·무리 짓기·방향 적층이 그것들이다.

분자와 세포가 구별되는 근본적인 차이점은 세포가 **복제**reproduction된다는 것이다. 이러한 복제가 새로운 개체들로 쪼개지든 한 개체의 성장으로 나타나든 간에 세포는 복제된다. 이러한 복제는 세포의 존재를 지속시키기 위한 방책으로 출현한 것으로 보인다.

이렇게 자기방어를 위하여 시작된 복제이지만, 이러한 복제가 가능한 조건에서는 제한이 없기에 일단 시작된 복제는 무한하게 증식한다. 이러한 **증식**multiplication은 다른 세포와의 관계에서 보면 침략으로 해석될 수 있다.

세포는 복제를 통하여 양적으로 증식되지만 질적으로도 변화를 겪게 되는데, 복제를 통해 그것은 안쪽으로 정돈되고 모양을 다시 갖춰 새로운 방향을 찾아 **혁신**renewal한다. 그리하여 숫자가 많아질 뿐만 아니라 형태도 다양해진다.

이러한 형태적 다양성을 획기적으로 늘리는 방법이 **접합**conjugation이다. 암컷과 수컷이 어떻게 생겨났는지를 간단히 설명할 수는 없지만, 세포는 암컷과 수컷을 만들어서 증식의 다양성을 획기적으로 개선하였다. 그것이 바로 접합이다.

접합으로 개체의 다양성을 확보한 만큼이나 군체 단위의 다양성도 확보하게 되는데, 그것은 **무리 짓기**association를 통해서다. 이는 생물의 수준에 따라 다양한 모습으로 나타나는데, 인간에서는 사회라는 형태로 나타난다.

이러한 다양성이 수평축에서의 다양성이라고 한다면, **방**

향 적층directed additivity은 수직적 다양성이라고 할 수 있다. 이는 서로 쌓아 가며 그 총계가 일정한 방향으로 커지는 현상이다. 이것을 다른 말로 '정향진화orthogenesis'라 부른다.

여기서 테야르는 진행하던 논의를 잠시 멈추고, 이러한 기본운동을 통하여 생명이 어떻게 보이는지를 **생명의 방식**ways of life이라는 제목 아래 다루고 있다. 생명이 이러한 법칙을 따라 생장하는 태도 또는 방식으로 테야르가 지적하는 것은 세 가지로 과다성·창조성·무관심성이다.

과다성profusion은 무제한 증식의 자연스러운 결과다. 어떻게 보면 낭비적일 수도 있지만, 과다성은 생존경쟁과 적자생존 등이 가능하기 위한 전제조건이다. 물론 이러할 때의 효율성은 개체 수준보다는 집단 수준에서 나타나기는 하지만 그렇다. 과다성이 가지는 다른 기능은 더듬기, 암중모색이라고 부를 수도 있는 시행착오trial and error다. 이러한 다수의 시도 끝에 우연히 도달하게 되는 바람직한 결과를 테야르는 ─이 결과가 결코 단순한 우연이 아니라고 보기 때문에─ 방향 있는 우연directed chance이라고 부른다. 생명체는 넘침을 통하여 자신의 고유한 방향으로 전진한다.

창조성ingenuity은 고유한 방향으로의 진전에서 확인할 수 있는 특성이다. 이러한 진전은 과거에는 있지 않았던 것을 가져온다. 물론 올라가는 것은 분해된다. 이러한 창조성에 따라 조직된 고차원의 존재들도 결국에는 그 재료들로 분해되는 것이다. 그러나 조각의 총합이 저절로 이루어지는 것이 아니며 조각을 다 모아 놓는다고 특정한 새로운 가치가 나오는 것도 아니다. 테야르가 볼 때 이러한 부분 이상의 전체는 생명의 자유로움을 보여 주는 것으로 생명이 가지는 창조성의 결과이자 승리다.

세 번째로 개체에 대한 **무관심성**indifference이다. 우리 인간은 역사적 성찰을 통하여 개인주의에 도달했기 때문에 —물론 아직도 우리는 개체로서의 나보다는 자식을 앞세우기 때문에 개인주의자이기보다는 가족주의자이지만— 개체를 전체보다 앞세우는 경향이 있다. 하지만 생명권에서 보면 개체는 무의미하다. 개체는 시간이나 공간을 지속시키는 하나의 매체에 불과하기 때문이다.

테야르는 이 세 가지 생명의 방식들, 즉 더듬는 과다성, 건설적인 창조성, 미래나 전체가 아닌 것에 대한 무관심을 모두 포괄하는 네 번째 형태가 있다고 주장하는데, 그것은 **전체적 통일성**global unity이다. 테야르에 따르면 이러한 통일성은 존재의 모든 단계에서 드러나는데, 특히 생명에서 다시 한번 뚜렷하게 드러난다.

이 네 번째 것은 우리가 이미 최초 물질에서 보았다. 그리고 청년 지구에서도 보았다. 최초 세포의 탄생에서도 보았다. 이제 여기서 다시 한번 뚜렷하게 드러난다. 생명 물질이 아무리 크고 많이 늘어난다 하더라도 그것은 '서로 간의 상호의존성' 속에 있다. 바깥쪽에서는 지속적으로 상호적응하고, 안쪽에서는 심원한 평형을 이룬다. 크게 놓고 볼 때, 지상에 퍼져 있는 생명체는 진화 첫 순간부터 단 하나의 거대한 유기체의 윤곽을 그려 나가는 셈이다.(113)

테야르의 이러한 언급은 러브록James Lovelock과 마굴리스의 가이아 이론Gaia theory을 연상시킨다. 이 이론에 따르면 지구는 단순히 기체에 둘러싸인 암석 덩어리로 생명체를 지탱해 주기만 하는 것이 아니다. 지구의 생물과 무생물은 상호작용하면서 스스로 진화하고 변화해 나가고 있으며, 이런 의미로 지구는 하나의 생명체이자 유기체다. 테야르 또한 존재의 모든 단계에서의 이러한 유기적 통일성을 강조하고 있다.

2. 생명 집단의 가지 뻗기

생명 집단은 전체로 보면 혼돈 그 자체일까? 아니면 하나로 꿰뚫려 있을까? 테야르는 이 둘 모두 아니라고 지적한다. 전체로 보자면 생명은 앞으로 나가면서 분화하지만, 팽창하면서 스스로를 여러 계층으로 나누는 가지 뻗기the ramification of the living mass를 한다는 것이다. 이러한 가지 뻗기를 이용하여 우리는 분류법을 수립하였는데, 그래서 어떤 존재를 우리는 '계-문-강-목-과-속-종' 식으로 분류한다. 침팬지는 동물계, 척삭동물문, 포유강, 영장목, 사람과, 침팬지속, 침팬지다. 테야르가 지적하는 이러한 가지 뻗기의 결과는 문의 탄생, 방사꼴의 발현, 꽃자루의 숨김이다.

상식적으로 생각할 때 가지 뻗기는 하나의 줄기에서 여

러 가지를 뻗어 나가는 것이니, 가지들이 서로 다른 방향을 가지는 것이 마땅하다. 그러나 생물학적 가지 뻗기는 이렇게 다른 방향으로 나아가는 가운데서도 어떤 방향들은 서로 가까워지고 모이며 뭉친다. 테야르는 이를 **성장의 집성** aggregation of growth을 통한 **문**phylum의 탄생이라고 표현한다.

그에 따르면 가지 뻗기에는 분리와 집중이 함께 일어난다. 그래서 상호 관계가 어느 정도에 달하면 혈통들이 분리되어 폐쇄된 다발을 형성하고 그 이후에 이렇게 폐쇄된 다발들 사이에서는 그 이상 침투가 일어나지 않는다. 보통 분류체계의 한 단위로서의 문은 '강-목-과-속-종' 위의 분류체계이지만, 테야르가 말하는 문은 이러한 분류체계의 문이 아니라 가지 뻗기가 진행되는 중에 하나의 고유단위를 이룬 집단을 가리킨다. 그림 3에서 표시된 것으로만 보면 'A'나 'c'가 문이라고 하겠지만, 'A', 'a', 'b', 'c', '1', '2', '3', 'A1'이 모두 문일 수 있다.

문은 집단체이기 때문에 숲처럼 가까이서는 보이지 않을 수도 있다. 문은 양보다는 구조에 따라 정의되기 때문에 하나의 종이 문일 수도 있고, 강-목-과-속-종으로 분류되는

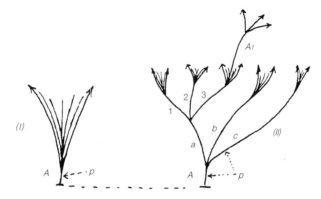

그림 3 문의 구조(Sarah, 233)

어떤 단위 이하 전부가 문일 수도 있다. 또 문은 동적이기 때문에 —숲이 높이 혹은 멀리서 보지 않으면 안 보이는 것처럼— 시간이 고정되면 보이지 않을 수도 있다. 문은 가지 뻗기의 각도에서 차이가 나고, 또 변화가 가능한 양이 확보되어야 하며, 자발적인 발달의 힘을 가진다. 이러한 것들이 가지 뻗기에서 발견되는 성장의 집성과 문의 탄생이다.

이러한 문은 개체와 같이 성숙 과정을 거친다. 테야르는 이러한 성숙이 심지어 어떤 아이디어의 성숙과도 비교할 만하다고 지적하고 있다. 인간이 하늘을 날기 위한 다양한 노력이 이루어졌고 더 잘 날기 위한 다양한 개선이 이루어진 끝에 우리는 오늘날 비행기의 표준적인 모습을 가지게 되었다. 이제 변화는 적어지고 양은 많아진다. 마찬가지로 문도 다양한 노력과 개선 끝에 변화는 적고 양은 많은 성숙한 문의 단계에 도달한다. 이러한 문의 성숙 과정에서 전형적으로 나타나는 것이 방사선이다.

테야르는 이를 **성숙의 펼쳐짐**unfolding of maturity에 따르는 **윤생체**verticil의 발현이라고 표현한다. 윤생체는 줄기를 중심으로 잎이 둥글게 둘러싸고 있는 모습을 가리키는데, 활짝 꽃 핀 문에서 보이는 가장 일반적인 모습은 결국 강화된 형태의 윤생이다. 이론적으로는 이것이 끝없이 계속될 수 있지만, 경험적으로 보면 길게 뻗는 것도 있고 짧게 끝나는 것도 있다. 어쨌든 문이 방사 형태를 갖추는 마지막 단계에 이르게 되면 윤생체를 이루는 요소들의 핵심에서 무리를 짓는 사회화 현상이 생겨난다. 이때가 문이 완전히 성숙한 때인데, 이로부터 남은 것은 현상유지나 쇠퇴뿐이다.

문의 이러한 더듬기는 그림 3의 'A₁'에서 보듯이 재촉발될 수도 있다. 문의 끄트머리에 펼쳐시는 부채꼴은 숲같이 밀집된 곳을 탐지하는 안테나들이다. 안테나 중 하나가 우연히 틈을 찾고 새로운 생명의 공간을 찾아내면, 가지는 그 지점에서 새로운 운동을 시작한다. 그리하여 고정되거나 획일적인 다양화 대신에 새로운 변화를 보여 준다. 이러한 것들이 가지 뻗기에서 발견되는 성숙의 펼쳐짐과 윤생체의 발현이다.

생명체가 성장하고 성숙하는 것을 이러한 방식으로 이해하는 것은 사실 통시적이다. 인간 가운데 누구도 이러한 성장과 성숙을 목격한 사람은 없다. 한 인간의 생명이란 이러한 변화를 보기에는 너무 짧기 때문이다. 공시적으로 볼 때 이러한 것들은 보이지 않는다. 시간의 경과와 더불어 번성하는 것과 소멸하는 것이 있는데, 공시적으로는 번성과 소멸의 결과만을 볼 수 있기 때문이다.

테야르는 이를 **시간적 거리 효과**effect of distance에 의한 **꽃자루**peduncle의 숨김이라고 표현한다. 시간적 거리가 멀어짐에 따라 문의 확산이 과장된다. 확산이 이루어진 모습은 보이는데 그것에 이른 진화의 도정은 보이지 않기 때문이다. 그래서 고생물학이 그려내는 생물계 그림에는 항상 공백이 있고 기원에 가까울수록 그 공백은 더 크다. 이러한 공백 중에 가장 곤란한 공백이 문의 전개에서 꽃자루, 즉 꽃이 달리는 짧은 가지로 볼 수 있는 부분의 상실이다.

고생물학적 증거들은 분명 종의 변화가 있었음을 보여 주고 있다. 따라서 창조설을 주장하는 사람들도 종 내부의 진화를 부정하지 않는다. 그들이 부정하는 것은 종과 종 사이의 진화인데, 이처럼 종과 종 사이의 진화를 보여 주는 부분이 바로 꽃자루에 해당하는 부분이다. 테야르는 이러한 창조론자들의 입장에 반대되는 새로운 증거들이 쏟아져 나오고 있지만, 그것보다도 이러한 반론에 대한 근본적인 답이 있다고 지적한다. 즉 이러한 꽃자루에 해당하는 부분은 매우 짧고 엷어서 너무 쉽게 소실되어 버리고 공시적인 우리가 그 흔적을 발견하기는 매우 어렵다는 것이다.

테야르는 만일 오늘날 우리가 쓰는 기구들, 즉 자동차, 비행기 등이 대재앙으로 땅에 묻혀 화석화된다면 미래의 지질학자들이 그걸 발견하고 어떻게 생각할 것인지 묻는다. 그러할 경우 우리가 발견하는 공룡의 흔적이 그러하듯이, 우리의 발명품들도 마찬가지로 완성된 상태로만 발굴

될 것이고, 미래의 학자들은 그것들이 더듬는 발달의 과정 없이 단번에 만들어진 것으로 생각할 것이라고 테야르는 추정한다.

사실 미래까지 갈 것도 없이 오늘 우리도 많은 자동차를 알지만, 최초의 자동차는 모르고 있다. 그 최초라는 것의 기준이 무엇인지도 명확하지 않고, 지정할 수 있다고 해도 그것은 이미 사라졌으며, 보관하고 있는 것은 과정 중의 버전이 아니라 완성된 버전이기 때문이다.

그래서 그는 이렇게 주장한다. "싹이나 꽃자루나 성장의 첫 모습은 우리 눈에서 사라진다. 꼭 그렇게 되라는 법은 없으니 우연 같지만, 우리 인식의 근본 한계라고 보아야 하리라. 잘 완성된 것만 남아 있고, 그밖에 오래된 것은 하나도 남지 않는다. '증인'은 물론 흔적도 없다. 결국 부채꼴 끝의 넓어진 부분만 현재까지 이어질 뿐이다. 아직 생존한 존재나 화석을 통해서 말이다."(120-21) 앞에서 보았듯이 세포 출현의 경우에도 그러한 혁명의 꽃자루는 숨겨져 있었다.

3. 생명의 나무

생명권을 하나의 나무the tree of life에 비유하여 소위 계통수 系統樹, phylogenetic tree라는 것을 그리는 것은 생물학의 일반적 인 관행이다. 그리고 이것이 일반적인 관행이 된 것은 그러한 비유가 생물들의 공통성과 차별성을 잘 표현해 주기 때문이다. 테야르는 생명의 계통수를 주요 윤곽, 차원, 그리고 진화의 증거라는 제목 아래 논의한다.

생명의 **주요 윤곽들**main outlines을 그려 보려고 할 때 가장 유용한 군집은 포유류다. 왜냐하면 생명권에서 가장 최근의 발달을 보여 주고 있어 가장 자료가 풍부하기 때문이다. 테야르는 이러한 포유류 중에서도 캥거루와 같이 태반이 없는 유대류와 달리, 태반이 있는 포유류에 우선 초점을 맞춘다. 우리가 그것에 속하기 때문이다.

여기서 테야르는 생물상生物相, biota이라는 개념을 도입한다. 보통 이 개념은 특정 지역의 동물상과 식물상을 종합한 것을 일컫지만, 테야르는 이를 가지고 앞에서 언급했던 윤생체를 가리킨다. 왜냐하면 그는 이러한 윤생체가 생물 진

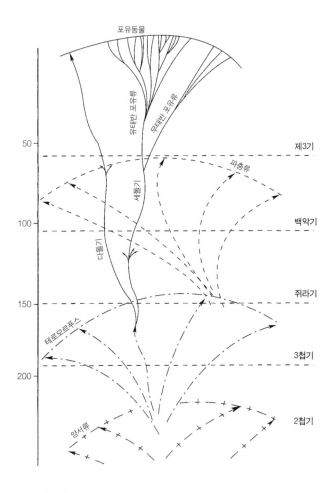

포유동물

유태반 포유류

무태반 포유류

50

제3기

세톱기

피충류

100

백악기

다톱기

쥐라기

150

테로모르푸스

3첩기

200

2첩기

양서류

그림 4　네발 동물의 진화(123)

화의 본질적인 특징이라고 보기 때문이다. 즉 문이 있다면 그 문은 윤생체를 이루는데, 이들은 탄생뿐만 아니라 생존과 번식에서도 서로 돕고 보완한다고 보기 때문이다.

유태반 포유류의 방사선은 넷인데, 그것은 '초식동물과 설치류', '식충류', '육식동물', '잡식동물'이다. 그리고 각각의 방사선에서 다시 방사선이 나가는데, 예를 들어 초식동물은 두 개의 발가락이 커지는가 아니면 중간 발가락 하나만 커지는가에 따라 소 종류인 기제류와 말 종류인 단제류로 나뉘고, 다시 기제류는 멧돼지과, 낙타과, 사슴과, 영양과로 나뉜다. 비록 이들의 꽃자루는 볼 수 없다고 해도, 발굽을 보면, 그리고 구제역이라는 병에 걸리는 형태를 보면 그들이 같은 꽃자루에서 비롯된 것임을 알 수 있다.

이러한 방식으로 방사선들이 뻗어 나간 결과는 하늘과 땅, 물과 같은 온갖 환경에서의 적응이다. 이는 우연히 고립된 한 방사선들에서도 같은 방식으로 전개된다. 하나의 문이 하늘과 땅과 물 모두에 윤생의 이파리들을 산출한다. 테야르는 두 사례를 들고 있는데, 하나는 3기의 미대륙 남부에서 태반 동물이 방사된 경우고, 다른 하나는 호주에서 유대류가 다양하게 방사된 경우다. 그래서 테야르는 이렇게 추론한다. "문에는 일종의 닫힌 유기계 곧 생리학적으로 완벽한 유기계로 분화되는 능력이 처음부터 들어 있음을 뒷받침하는 예로 이보다 더 좋은 것은 없다."(125)

이렇게 보면 앞으로 나아가듯이 뒤로 나아가도 같은 현상을 발견할 수 있으리라 짐작할 수 있다. 일단 태반의 유무를 포괄하는 포유류로 뒤돌아 가 보자. 이들이 하나의 문으로서 보이는 특징은 어금니와 턱이 위에서 밑으로 맞물리면서 기본적으로 세 개의 돌기를 가진다는 것이다. 하지만 테야르가 지적하는 더 인식하기 쉬운 특징은 목뼈의 개수다. 돼지와 기린의 목은 외양상으로는 커다란 차이가 있지만, 사실 그들의 목뼈는 모두 일곱 개다. 이렇게 보면 살아 있는 포유동물은 모두 단 하나의 다발에서 나왔다고 볼 수 있다. 하지만 이 다발이 연결되어 있던 쥐라기의 꽃자루는 찾을 길이 없다.

우리는 파충류가 3첩기에서 유래하여 쥐라기에서 꽃을 피운 공룡시대를 그 절정기로 보며 포유류가 전개될 때쯤에는 더 이상의 변화가 이뤄지지 않은 것으로 본다. 우리가 볼 수 있는 파충류는 매우 단조롭지만, 화석에 의하면 유대류가 다양한 생물상을 구현한 것처럼 공룡도 다양한 생물상을 구현했으리라 짐작된다. 포유류나 공룡보다 앞서 처음으로 지구를 정복한 것으로 보이는 테로모르푸스 theromorphs는 파충류의 조상쯤으로 간주할 수 있다.

양서류는 2첩기에 번성하였다고 짐작되지만, 시기적으로 더 오래되었기 때문에 추적하기는 더욱 어렵다. 그들은 생명의 고향인 물에서부터 육지로 그 무대를 옮기고 있는 과도기적인 존재라고 볼 수 있다. 양서류의 살갗은 벌거벗었거나 갑옷을 입고 있다. 하지만 다른 종류들과 마찬가지로 우리가 볼 수 있는 양서류는 모두 이미 변화를 멈춘 완성된 상태의 것들뿐이다.

우리가 추적해 온 '포유류-파충류-양서류'의 겹쳐진 층들은 공기에 노출된 척추동물들인데 이들이 하나의 가지에서 뻗어 나왔다는 것을 보여 주는 놀라운 특징은 —물론 두개골의 유사성도 있지만— 그 뼈대의 형식이 4족 보행을 하는 동물과 같다는 것이다. 즉 이들은 모두 하나의 상완골上腕骨이 있고 팔뚝은 두 개의 뼈로 되어 있으며 다섯 개의 손가락으로 되어 있다는 것이다. 그러므로 이렇게 이야기할 수 있다. "이들은 모두 네발짐승이다."

이렇게 소급하면 네발짐승은 또한 물고기의 한 방사선인데, 물고기는 턱뼈가 없고 콧구멍이 하나인 것과 턱뼈가 있고 콧구멍이 둘인 것이 있다(칠성장어 외에는 모두 후자의 방사선에서 비롯되었을 것이다). 물고기가 그 방사선의 하나인 어떤 것은 척추동물과 무척추동물을 포괄하는 어떤 존재일 것인데, 뼈가 없으면 화석도 없기에 그것이 무엇인지는 미궁에 빠지게 된다.

한편 척추동물과 함께 생물상을 구성하고 있는 나머지 방사선은 절지동물과 식물이다. 절지동물은 키틴질과 석회질로 무장하고 식물은 섬유질로 몸을 단단히 했는데, 둘 다 물에서 나와 대기 속으로 확장하는 데 성공했다. 그래서 아직도 식물과 곤충은 세상을 더 차지하기 위해 척추동물과 서로 다투고 있다. 이렇게 미궁에 빠진 과거세계에 대한 소급은 계속하여 가능하지만, 우리가 그것이 무엇이었는지를 확실하게 알 수는 없으며, 오직 다양한 가능성을 추측해볼 뿐이라고 테야르는 지적한다.

이러한 주요 윤곽들 속에서 제대로 언급되지 않은 숫자number와 크기volume, 지속시간duration을 테야르는 **차원들**dimensions이라는 제목 아래 검토하고 있다.

먼저 숫자다. 박물관에서 볼 수 있는 표본들만 해도 우리의 상식보다 훨씬 많은 것이 사실이다. 표본이 없는 것을 포함한다면 그 숫자는 상상을 초월할 정도로 많을 것이다. 노아의 방주가 아무리 크다 해도 현존하는 동물들을 수용하기에는 너무 좁다.

이제 크기를 보자. 숫자와 마찬가지로 크기도 엄청나다. 지구가 태양계에 속하고 태양계가 은하계에 속하고 수많은 은하계로 우주가 이루어져 있듯이, 은하계와 비견될 수 있는 인간이라는 존재는 생명권의 아주 작은 일부분에 지나지 않는다. 테야르가 인용하고 있는 쿠에노Cuénot의 계통수에서 이를 확인할 수 있다. A-B선 아래는 수생동물이고 위는 육상동물이다.

끝으로 지속시간을 보면, 그래도 관찰하기 쉬운 포유류의 시간을 하나의 단위로 생각할 수 있다. 그 시간은 대략 8천만 년이다. 파충류와 양서류까지 포함하면 2억 4천만

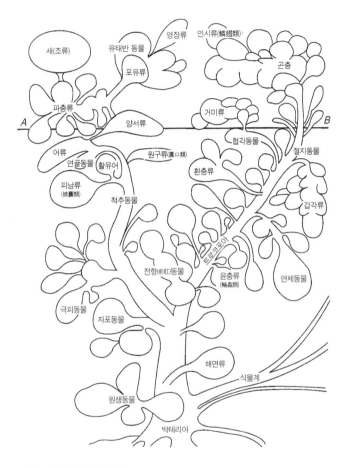

새(조류)

영장류

인시류(鱗翅類)

유태반 동물

곤충

포유류

파충류

양서류

거미류

A

B

협각동물

절지동물

어류

원구류(圓口類)

연골동물

활유어

환충류

피낭류
(被囊類)

척추동물

트로코포아

갑각류

전항(前肛)동물

윤충류
(輪蟲類)

연체동물

극피동물

자포동물

해면류

식물계

원생동물

박테리아

그림 5 쿠에노의 계통수(133)

년이 나온다. 위의 그림으로 대략 추산해 보면 박테리아로부터 12억 5천만 년 정도로 볼 수도 있다. 그리고 일반적으로 생명은 40억 년 전에 등장했다고 본다. 여하튼 상상하기 어려운 시간이다.

이렇게 생명의 나무를 그려 낸 테야르는 바로 이러한 계통수가 진화의 확실한 **증거**evidence라고 지적한다. 학자들은 조심스럽게 진화를 이야기하지만, 진화는 부정할 수 없는 사실이라는 것이 테야르의 입장이다. 그 역시 표현형의 목적론적인 진화와 유전자형의 기계적인 진화를 어떻게 연결할 것인가 등의 문제가 있음을 인정한다. 하지만 테야르에 따르면, 그러한 논란의 여지에도 불구하고 진화는 "가장 근본적인 사실이다. 물론 설명이 필요하지만, 그 '증거'는 입증 가능성보다 위에 있다. 또 나중에 경험으로 취소할 만한 그런 사실이 아니다".(137)

📝 2부 2장 생명의 팽창의 주요 내용

1. 생명의 팽창은 생명의 기본운동들에 의해서 이루어진 다. 그러한 기본운동들에는 복제·증식·혁신·접합·무리 짓기·방향 적층이 있다. 이러한 기본운동과 더불어 생명은 과다성·창조성·무관심성을 보이는데, 이는 존재의 모든 단계에서 드러나듯이 전체적 통일성 속에서 전개된다.

2. 생명의 팽창은 가지 뻗기를 통하여 일어나는데, 이러한 가지 뻗기는 성장의 집성을 통해 문을 탄생시키고, 계속되는 성숙을 통하여 윤생체를 구성하지만, 시간적 거리 효과에 의해 꽃자루를 숨긴다.

3. 이러한 가지 뻗기를 따라 오르거나 내려가면서 생명의 계통수를 그려 볼 수 있다. 주요 윤곽들을 살펴보면 생명이 하나의 뿌리에서 다양한 모습으로 뻗어 나온 모습을 짐작할 수 있다. 그리고 생명의 숫자와 크기, 지속시간 또한 짐작할 수 있다. 테야르는 이러한 계통수를 증거로 진화란 실증 이상의 것으로서 미래에 경험으로 반증될 수 없을 것이라 단언한다.

3장
어머니-지구

서양 전통에서는 '어머니-자연Mother-Nature'이나 '어머니-지구Mother-Earth'라는 표현이 일반적인데, 이는 자연이나 지구가 만물을 생육한다는 의미다. 그런데 테야르의 입장에서 보면 젊은 지구에 이어지는 '어머니-지구'는 단순히 생육하는 것에 그치는 것이 아니라 라디우스 에너지를 강화하는 방향으로, 즉 진화의 방향으로 생육한다.

테야르에 따르면, 진화하느냐 마느냐에 대해서 다수설은 '진화한다'는 것이지만, 진화가 어떤 방향으로 이루어지느냐에 대한 다수설은 특정한 방향이 '없다'는 것이다. 일반적으로 과학자들 중 열에 아홉은 진화가 우연의 소산이기에 특정한 방향을 갖지 않는 것으로 보지만, 테야르는 생명권을 관찰하고 분석하면 정향진화, 즉 특정한 방향으로의 진화라는 결론에 이르지 않을 수 없다고 본다.

그래서 그는 '어머니-지구'는 어떤 특정한 방향으로 만물을 생육한다고 주장한다. 그는 이를 입증하기 위하여 첫째 절에서 정향진화의 실마리를 찾아낸 다음, 둘째 절에서 그러한 실마리를 쫓아 진화가 의식의 상승이라는 방향으로 향하고 있음을 보여 주고, 셋째 절에서 그러한 상승의 임계점에서 적당한 때가 이르러 생각이 생겨난다고 지적하고 있다.

1. 정향진화 입증의 실마리

테야르는 우주의 재료에 안쪽과 바깥쪽이 있으며, 이와 관련하여 라디우스 에너지와 탄젠트 에너지가 있다고 지적했다. 탄젠트 에너지와 관련하여, 비록 사용 가능한 에너지는 감소하고 있지만 엔트로피가 증가하고 있기에, 에너지 보존의 법칙에 따라 에너지 전체의 양은 불변한다. 그러나 이러한 기계적 에너지, 즉 탄젠트 에너지의 배후에서 마음 에너지, 즉 라디우스 에너지는 끊임없이 증가하는데, 그것이 바로 생명의 진화라는 것이 그의 주장이다.

라디우스 에너지의 이러한 증대가 생명체의 생물학적 구조에서 어떻게 나타나는가? 테야르는 라디우스 에너지의 증대를 구조적으로 확인할 수 있는 기관이 신경 조직이라고 지적한다. 우리 인간이 직접적으로 파악할 수 있는 안쪽은 우리 자신의 안쪽밖에 없다. 우리는 언어를 통하여 다른 사람들의 안쪽을 간접적으로 파악할 뿐이다. 그렇다면 우리가 직접 언어소통을 할 수 없는 동물들의 안쪽은 어떻게 파악할 것인가? 테야르는 그것들의 신경 조직의 상태를 통하여 짐작할 수 있다고 본다. 이것이 바로 진화의 비밀을 추적할 실마리Ariadne's thread다. 그러므로 그는 생명체를 그것들의 뇌의 완성도를 기준으로 분류하면 어떤 질서를 발견할 수 있다고 지적한다.

우리 인간의 두뇌는 보통 세 부분으로 구성되어 있다고 보는데, 가장 안에 있으면서 기본적인 생리적인 기능을 담당하는 파충류의 뇌, 가운데 층을 이루고 있고 포유동물의 정서적인 상호작용을 담당하는 대뇌변연계, 그리고 인간의 복잡한 사유 기능을 담당하는 신피질이 그것들이다.

두뇌가 이렇게 세 부분으로 이루어진 까닭은 진화의 시기가 각각 다르기 때문이다. 두뇌생리학자들은 어떤 통일성 있는 계획에 따라 뇌가 진화한 것이 아니라 우연한 환경의 변화에 따라 뇌가 혁명적으로 발달하였기 때문에 오늘날과 같은 모습을 갖추게 되었다고 본다. 그리고 그러한 혁명적 변화를 통하여 단속적으로 진화한 두뇌의 세 부분 간에는 동질성이 없기에, 세 두뇌 사이에는 연관성과 더불어 단절성도 또한 나타난다고 한다.

테야르는 이들과 의견을 반드시 같이하는 것은 아니지만, 이와 상통할 수 있는 여러 고생물학적 증거들을 들면서 진화를 신경절의 발달과 이에 따르는 두뇌의 형성과 발달로 볼 때, 진화현상을 성공적으로 추적할 수 있다고 지적한다.

신경 조직의 형성에서 진화현상을 추적하면 여러 속과 종이 질서 있게 드러날 뿐 아니라 그들의 윤생이나 군 또는 가지들의 전체망이 다발로 밝혀진다. 또 뇌의 정도를 따라 동물

형태를 분류할 때 전체 체계의 윤곽이 드러날 뿐 아니라 계통수에 입체감이 더해지며 모양이 뚜렷이 드러난다. 그래서 그 진실성을 인정하지 않을 수 없게 된다. 그처럼 일관된 결론 ―아주 편안하고, 큰 신뢰가 가며, 일관성을 상기시키는 힘을 가진 결론― 이 나오는 것은 우연의 일치가 아니다. 생명이 복잡하게 되어 가는 방식은 여러 가지 있지만, 신경 조직의 변화야말로 주목할 만한 것이다. '거기에는 어떤 방향이 있다. ―신경 조직의 변화에 방향이 있다는 사실은 진화에 어떤 방향이 있음을 입증한다.'(143)

2. 의식의 상승

라디우스 에너지, 신경세포와 두뇌, 그리고 의식 등은 테야르가 볼 때 같은 것이 시간의 경과와 더불어 다르게 나타난 것이다. 생명체의 역사는 외적으로는 신경 조직의 역사이기도 한데, 그것은 내적으로는 마음 상태가 이룩되는 것과 일치한다. 겉으로 신경 섬유와 신경절이 있고, 그 속에 의식이 있다.

이제까지 과학이 다루어 온 것이 탄젠트 에너지, 물리·화학적 작용, 그리고 사물(데카르트의 용어를 빌리면 사유와 대립하는 연장)이었다면, 테야르는 이제 과학도 바깥쪽뿐만 아니라 안쪽을 들여다보아야 한다고 주장한다. 물론 이는 테야르식의 과학이기는 하겠지만 말이다. 그래서 이제부터 주목해야 하는 것은 의식의 상승the rise of consciousness이다.

의식의 상승과 관련하여 테야르가 주목하여 봐야 한다고 주장하는 첫째는 생명의 전개가 지구 전체의 역사에서 차지하는 자리what place the development of life occupies in the general history of our planet다. 그는 이를 제대로 보기 위해서는 직선적인 사인곡선이 아니라 소용돌이 속에서 솟아오르는 나선 곡선을 보아야 한다고 강조한다. 그러면 우리가 한 방향으로 성장하기를 멈추지 않으면서 연속적으로 터져 나오며 계속되는 어떤 것을 보게 되리라는 것이다. 이제 지구현상의 핵심이 암석권에서 생명권으로 이동한다. 지구발생geogenesis의 문제는 생명발생biogenesis의 문제가 되며, 생명발생의 문제는 마음발생psychogenesis의 문제로 집중된다.

테야르가 주목하여 봐야 한다고 주장하는 둘째는 생명의

추동력The driving force of life이다. 생명은 바깥쪽의 결정론을 전적으로 존중하면서도 안쪽으로 자유롭게 작동한다. 바깥에서 보면 적자생존의 원칙에 따라 어금니가 더 날카로운 포식자가 생존하였을 것이지만, 날카로운 어금니가 있어서 포식자가 포식자가 된 것이 아니라 포식자의 안쪽에 포식성이 있었기에 어금니가 날카로워졌을 수 있다. 테야르는 개체발생에서 성격이 형성되듯이 계통발생에서 이러한 형질이 형성될 수 있다고 주장한다.

나중에 보게 되겠지만, 인간의 안쪽에서는 이러한 생명의 추동력이 생각으로 나타난다. 그래서 프랑스의 사상가 파스칼Blaise Pascal이 지적한 것처럼, 인간을 죽이기 위하여 온 우주가 무장할 필요는 없다. 한 줌의 가스, 한 방울의 물로도 탄젠트적으로 인간을 죽이는 데에 충분하다. 그러나 우주가 인간을 죽인다고 해도 인간은 자신을 죽이는 우주보다 라디우스적으로 더 고상하다. 왜냐하면 그가 죽임을 당한다는 것을, 우주가 자신보다 우월하다는 것을, 하지만 우주는 아무것도 모른다는 것을 그는 알고 있기 때문이다. 파스칼의 유명한 표현 "인간은 갈대, 자연에서 가장 연약한

자이다. 그러나 그는 생각하는 갈대다"라는 표현도 바로 이러한 바깥쪽의 강제와 안쪽의 자유를 지적하고 있다.

테야르가 주목하여 봐야 한다고 주장하는 셋째는 정향진화orthogenesis다. 우리가 바깥쪽이 아니라 안쪽을 들여다보면, 생명세계는 살과 뼈를 입은 의식으로 이루어져 있다. 생명권에서 종에 이르기까지 모든 것은 마음의 거대한 가지 뻗기, 바로 그것이다. 마음이 가지를 치며 여러 형태의 겉모습을 거치는 것이다. 그러나 그러한 가지 뻗기는 궁극적으로는 어떤 방향으로 접근한다. 그리하여 드디어 가지 뻗기가 한계에 이르는 지점에 도달한다. 거대분자가 세포로 전환하듯이, 세포가 의식으로 전환하는 임계점에 도달하게 되는 것이다.

우리가 진화를 단지 복잡하게 되어 가는 과정으로만 본다면, 우리는 그 모습 그대로 무한히 발전할 것으로, 그리고 그러한 다양화에는 제한이 없는 것으로 생각할 수 있다. 그러나 형태와 기관이 계속 더 복잡해져 가면서 양의 차원에서뿐 아니라 질의 차원에서도 신경세포가 (그리고 의식이) 강화되는 것을 안 지금, 우리는 지질학적 시대의 전개에서 불가피하게 전혀 새로운 질서가, 또는 어떤 '형태 변화'가 생겨 장차 그 긴 종합의 시기를 마감하게 될 것이라는 경고를 받게 된다.(148)

3. 때가 다다름

앞의 그림에서 A-B 선 위에 올라온 생명들, 즉 식물·곤충·포유류 중에서 의식의 상승을 담을 생명은 어떤 것일까? 식물은 동물보다 마음의 징조가 한정되어 있기에 일단 제외된다. 백스터Cleve Backster는 거짓말탐지기를 통해 식물에게 마음이 있다고 주장하기도 했지만, 반복 재현이 쉽지 않아 과학계에서는 별로 받아들여지지 않고 있다.

이렇게 되면 남는 것은 곤충과 포유류인데, 테야르는 질적인 진전이 있으려면 양적인 바탕이 있어야 하기에 **곤충**incect은 제외된다고 지적한다. 왜냐하면 너무 작기 때문이다. 아울러 지적하고 있는 다른 이유는 곤충의 전문화specialization다. 곤충의 작동 메커니즘은 강력하게 고정되어 있어서, 특정한 상황에 대하여 본능이 기계적인 반사작용으로 발동된다. 우리가 벌이나 개미 집단이 마치 하나의 개체처럼 움직이는 것을 보고 놀라는 까닭이 바로 그것이다. 그러나 그렇게 자동화되어 있는 만큼 자유로운 의식으로의 발전 가능성이 없어 후보에서 제외된다.

그렇다면 남는 것은 **포유류**mammal인데, 포유류에는 우리가 속해 있기에, 포유류를 적합한 대상으로 보는 것은 인간 중심적인 사유라는 오해를 받을 수도 있다. 그러나 우리가 개미와 늑대를 비교해서 어느 종이 더 많은 자유와 유연성을 갖는지를 판단해 보면 ―늑대와 우리의 유사성 때문이 아니라 객관적인 가능성에 근거해서― 늑대의 손을 들어줄 수 있다. 개미보다 늑대가 덜 전문화되어 있기 때문이다. 경계해야 할 것은 인간이라는 종에 절대적 중심성을 부여하는 일이지, 인간이 보이는 능력을 상대적으로 평가하는 일이 아니다. 만약 모든 종의 자체적인 가치를 존중하여 그러한 상대적 평가를 부정한다면 우리가 할 수 있는 판단의 범위는 극히 제한될 것이다.

전문화로 말하자면 개미와 벌만이 전문화되어 있는 것은

아니다. 치타는 빠른 속도로 달릴 수 있고, 독수리는 넓고도 자세하게 지상을 볼 수 있다. 조류나 포유류도 —곤충류와 같은 정도의 엄격한 전문화는 아니라도— 부분적인 전문화를 보인다. 이런 의미에서 포유류 중에서 가장 전문화가 덜 되어 있는 **영장류**primate가 의식이 솟아날 유력한 후보가 된다. 테야르는 영장류를 두 부류, 즉 치아가 32개인 협비류Catarrhine와 36개인 광비류platyrrhine로 나누는데, 영장류 중에서 지구 진화의 클라이맥스를 이룰 유인원은 협비류인 것으로 본다(고릴라, 침팬지, 오랑우탄, 긴팔원숭이 등이 이에 속한다).

영장류의 경우 포유동물의 기본적인 특징을 거의 그대로 유지하고 있는데, 이는 영장류가 나름대로 전문화의 길을 가지 않았다는 것을 의미한다. 이렇게 영장류는 보수적인 것으로 보이지만 바로 그러한 이유로 그것에는 더 많은 기회가 있다. 특정한 전문화는 일반적으로 되돌이킬 수 없는 막다른 골목으로 몰고 가는 경우가 많기 때문이다. 영장류의 경우 사냥의 도구로서 사지의 전문화가 일어나지 않았고 오히려 성장은 두뇌에 집중되었다. 테야르는 이러한 영

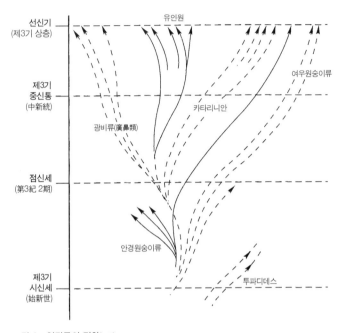

선신기
(제3기 상층)

유인원

여우원숭이류

제3기
중신통
(中新統)

카타리니안

광비류(廣鼻類)

점신세
(第3紀 2期)

안경원숭이류

제3기
시신세
(始新世)

투파디데스

그림 6   영장류의 진화(153)

장류의 특성을 다음과 같이 서술한다.

영장류는 다른 쪽은 그냥 유연하게 놔두면서 진화가 직접 뇌

쪽으로 이루어졌다. 더 큰 의식을 향한 줄달음에서 영장류가

맨 위에 속한 까닭이 거기에 있다. '이것은 상당히 특이한 경우이며, 이때 한 계통의 정향진화가 생명 그 자체의 정향진화와 정확히 일치한다.'(155)

프랑스의 실존주의 철학자 사르트르Jean-Paul Sartre가 인간의 본질은 본질이 없다는 것이라고 역설적으로 표현한 것처럼, 영장류는 사지를 전문화하지 않고 융통성을 발휘할 수 있도록 두뇌를 발달시켜 비전문화라는 전문화를 이룩하였다고 하겠다. 어머니-지구는 협비류 영장류를 빚어냄으로써 드디어 때가 이르러The time approaches 새로운 무엇을 바라보게 되었다. 테야르는 이렇게 하여 어머니-지구에 대한 논의를 마친다.

🖊 2부 3장 어머니-지구의 주요 내용

1. 어머니-지구는 만물을 생육할 뿐만 아니라 더 나은 특정한 방향으로 생육한다. 이러한 방향의 실마리가 발견되는 생물학적 구조는 신경 조직과 두뇌다. 신경 조직과 두뇌의 발달을 기준으로 생물을 분류할 때 진화현상을 성공적으로 추적할 수 있다.

2. 이러한 발달은 의식의 상승을 보여 주는데, 테야르는 생명의 발달이 지구의 역사에서 차지하는 위치를, 그리고 생명이 바깥쪽에서와 달리 안쪽에서 가지는 자유로운 추동력을, 아울러 그러한 진화가 양적인 변화뿐만 아니라 임계점에 이르러 질적인 변화를 보이는 것을, 주목해야 한다고 지적한다.

3. 이러한 질적인 변화를 보임으로써 진화의 첨단에 설 존재는 식물도 곤충도 아닌 포유류다. 포유류 중에서도 유인원, 유인원 중에서도 협비류가 가장 강력한 후보인데, 그러한 자격이 생겨난 것은 협비류 유인원이 전문화에 소홀하고 두뇌의 발달에 집중한 까닭이다.

앞에서 거듭 지적하였듯이 테야르는 이 책을 네 부분으로 나누어 서술하고 있다. **생명 이전, 생명, 생각, 초-생명**이 그것들이다. 3부인 **생각**thought은 세 장으로 구성되어 있는데, 첫째 장에서는 생각이 어떻게 등장하여 정신권을 형성하였는가를, 둘째 장에서는 이렇게 덧붙여진 정신권이 어떻게 전개되었는가를, 셋째 장에는 이렇게 등장하고 전개된 생각이 어떻게 진화를 인식하였고 앞으로 어떻게 처신해야 할 것인가를 다루고 있다. 2부가 지구 역사에서 생명이 가지는 의미를 탐구하였다면, 3부는 지구 역사에서 생각의 의미를 탐구하고 있다.

1장
생각의 탄생

예비적인 고찰: 인간 역설

바깥쪽에서 볼 때 인간이란 유별난 존재가 아니다. 예컨대 해부학에서 볼 때 유인원과 크게 다를 게 없어서, 현대 동물학에서는 ―린네의 분류에 따라― 사람을 유인원과 함께 사람과로 분류한다. 하지만 안쪽에서 볼 때 사람은 생명권의 임계점이다. 인간이 역설human paradox적인 까닭이 바로 여기에 있다. 인간이 등장함으로써 생겨난 변화는, 형태학적으로는 사소하지만 기능적으로는 엄청난 비약이다. 침팬지와 인산의 유전자는 98.5퍼센트가 같다. 그런데 이 나머지 1.5퍼센트가 인간과 침팬지의 차이를 만든다.

그 차이는 바로 호모 사피엔스와 더불어 생각이 탄생the birth of thought했다는 것이다. 암석계를 넘어 생명권이 등장했던 것처럼, 생각은 생명권 위에 정신권을 덧붙인다. 그래서 인간현상이 중요한 것이다. 테야르는 첫째 절에서 '반성의 발걸음'이라는 제목 아래 개체와 종에서 생각이 등장하여 정신권을 형성하는 과정을 살펴보고, 둘째 절에서 이러한 생각의 탄생 또한 그 꽃자루를, 즉 반성하는 인간의 원래 형태를 볼 수 없다는 점을 지적하고 있다.

1. 반성의 발걸음

생명권에서 진화의 축을 신경절과 두뇌의 발달에서 찾아볼 수 있듯이, 영장류에서 진화의 축은 두뇌의 초월적 발달에 기인하는 반성의 능력에서 찾아볼 수 있다. 다른 동물들도 '사소하게' 생각할 수는 있다. 그러나 오직 인간만이 '제대로' 생각할 수 있다. 이처럼 인간만이 다른 동물과 달리 제대로 생각할 수 있다면, 그 분리선은 무엇일까? 테야르는 이를 반성이라고 본다.

반성이라는 말을 영어로 보면 'reflection'인데, 이는 원래 거울, 유리, 물 등에 비친 모습을 가리킨다. 시각을 기준으로 하면 반영이라고 새길 것이지만, 의식을 기준으로 하면 반성으로 새기게 된다. 테야르는 반성이란 우리 자신을 대상으로 놓고 자신의 존재와 가치를 헤아리는 의식적 능력이라고 본다.

일반적으로 의식consciousness은 자신이 아닌 대상을 아는 것을 가리키고, 자의식self-consciousness은 자신을 대상으로 의식하는 것을 가리킨다. 이렇게 보면 반성은 자의식인데, 이는 그냥 아는 것이 아니라 안다는 것을 아는 것이다. 테야르는 반성을 인간의 본질적 특징으로 보기에 반성이 곧 인간화라고 본다. 그는 이러한 반성을 통한 인간화가 개체, 종, 인류라는 차원에서 각각 어떤 발걸음the step of reflection을 걷고 있는지를 검토한다.

테야르는 먼저 **개체의 인간화**hominization of the individual를 검토한다. 인간 고유의 특징들이라고 말하는 대부분이 바로 이와 같은 반성의 능력에 의해 생겨난다. 그가 예로 들고 있

는 것은 추상·논리·선택·발명·수학·예술·공간과 시간·
사랑의 염려와 꿈 등이다. 이렇게 보면 의식이 임계점이 아
니라 반성이 임계점이다. 인간은 인간 이전의 생명체들과
어떤 점에서 다를 뿐만 아니라, 차원이 다른 존재다. 왜냐
하면 인간은 그들이 갖지 못한 반성의 능력을 갖추었기 때
문이다. 테아르는 정도의 변화가 아니라 상태의 변화가 일
어났고, 그 결과로 '본질'의 변화가 일어났다고 지적한다.

　이러한 반성에 이르지 못한 동물들의 의식세계는 —우리
또한 갖는 반성 이전의 의식세계는— 본능이다. 이러한 본
능들이 점증하여, 예를 들어 물고기나 두더지보다 나은 개
의 본능 등이 부채꼴을 이루고 마침내 그 꼭지에서 반성이
탄생했다고 보아야 할 것이다. '이론적인 메커니즘'으로 본
다면, 물이 100도에 이른 후 계속 가열할 때 원뿔 모양의 상
승현상이 이루어져 평면이 자꾸 줄어 하나의 점만 남는 순
간이 온다. 유인원은 원뿔의 거의 끝까지 올라간 셈인데 축
을 따라 마지막 노력이 가해진 셈이다.

　물론 테야르는 그러한 노력이 두뇌 단독으로 이루어진
것은 아니라고 지적한다. 두뇌의 발달이 결정적인 역할을

하였겠지만, 그러한 발달이 있으려면 손과의 상호작용이 있어야 했을 것이고, 그러한 상호작용이 가능하기 위해서는 두 발로 직립하여 손이 자유로워져야 했을 것이다. 이렇게 여러 가지 요소들이 상호연결되어 두뇌가 어떤 임계점을 넘어섬으로써, 본능을 유지하면서도 동시에 본능을 초월할 수 있는 새로운 차원의 존재가 '실현'된 것이다. 테야르는 물론 생명이 생겨난 순간을 알 수 없듯이 반성이 생겨난 순간도 알 수 없기에 연속의 불연속이라고 부를 수밖에 없다는 점 또한 인정한다.

또 테야르는 이렇게 반성의 능력이 생겨나는 것만으로 반성의 능력이 완성되는 것은 아니라는 점도 지적하고 있다. 아기가 태어나면 숨을 쉬어야 하는 것처럼, 반성도 생겨나면 자신을 '연장'하여 발전시켜 나가야 한다는 것이다. 이러한 발전 방식은 두 가지인데, 하나는 자신에게 더욱 집중하는 것이며, 다른 하나는 자신 바깥의 세계에 집중함으로써 그것에 대해 더 정합성 있는 견해를 가지는 것이다. 인간이 된다는 것은 사실 이렇게 안팎으로 자신을 정련시켜 나가는 것이다. 테야르의 표현대로 "'나'는 항상 더욱 나로 되어 감으로써만 존속하며, 다른 모든 것을 나로 만드는 정도로만 나다. '인격은 인격이 되어 가는 속에서 인격이요, 인격이 되어 가는 것을 통해서 인격이다'".(167)

이러한 반성은 종과 개체 간의 관계에 결정적인 전환을 가져온다. 이러한 반성은 개체에서 이루어지기 때문에, 이제까지 세대의 고리 속에서 볼 때 중요하지 않고 살 권리가 없었던 개체(자기 위로 지나가는 흐름을 받쳐 주는 지점에 불과했던 개체)가 이제 중요한 독립적인 가치를 가지게 된다. 하지만 이렇게 개체의 위상이 달라졌다고 해도 계통이 기능을 상실하는 것은 아니다. 개체에서 드디어 반성에 이른 라디우스 에너지는 이제까지는 생각할 필요가 없었던 새로운 과제를 안게 되었는데, 그것은 여러 진보들로 이루어지는 하나의 진보, 여러 운동들로 이루어진 하나의 운동, 여러 개체들로 이루어진 하나의 공동체라는 문제다.

테야르는 이를 개체의 인간화와 대립시켜 **종의 인간화** hominization of the species라고 부른다. 이러한 종의 인간화는 인간이라는 가지의 구성, 그러한 가지에서 일어나는 성장의 일반적 방향, 그리고 다른 가지와의 관계와 차별성을 중심으로 살펴볼 수 있다.

사람이라는 가지는 계통수 내의 여러 가지들 가운데 한 가지다. 그러나 이 가지는 다른 가지들과는 질적으로 다른 가지다. 왜냐하면 '인간이라는 가지의 구성'은 다른 모든 가지들을 분석해 낼 수 있는 생물학의 일반법칙만으로는 분석해 낼 수 없기 때문이다. 다시 말해, 해부학anatomy만으로는 분석할 수 없고 심리학psychology이 동원되어야 하기 때문이다. 즉 사람 이전에는 상대적으로 드러나지 않았던 안쪽이 사람에서는 본격적으로 드러나고, 안쪽과 바깥쪽이 이중의 궤도를 형성하기 때문이다.

이렇게 새롭게 부각된 라디우스 에너지, 즉 반성을 고려할 때, '성장의 일반적인 방향'을 추적하는 과제는 이제까지와는 다른 방법을 요구한다. 이는 해부학자나 생물학자의 시각과는 다른 어떤 시각이다. 그는 심리학자나 사회학자의 시각으로 인간현상을 바라보게 되면 무엇인가 변화되고 있다는 것을 감지하게 될 것이라고 보는데, 이러한 중에 유전이 단순히 수동적이라는 관점을 수정해 나간다면 우리보다 더 큰 어떤 존재, 즉 종이라는 존재를 우리 속에서 확인할 수 있을 것이라 기대한다.

생물학적으로 그리고 개체로 보면 획득형질의 유전과 같은 문제에 제대로 답하기 어렵다. 하지만 심리학적으로 그리고 집단으로 보면 이러한 문제에 쉽게 답할 수 있다. 생물학적 형질인 유전자gene의 유전에 대비되는 문화적 형질인 문화유전자meme의 전파를 고려하게 되면, 유전을 통하여 얻지 않은 형질도 전파를 통하여 얻을 수 있다. 도킨스Richard Dawkins나 블랙모어Susan Blackmore의 연구가 보여 주듯이 문화유전자는 온갖 장벽을 넘어 쉽게 전파된다. 이러한 전달은 사실 의식의 전달이 아니라 의식의 향상이라고 말하는 것이 더욱 적합할 것이다. 이제는 '생체'가 아니라 '의식'이 진화하는 생명의 실체요, 진수가 된다.

이러한 것이 종의 반성, 종의 인간화라고 부를 만한 것인데, 이는 물론 개체의 반성, 개체의 인간화의 총합을 넘어서는 것이다. 계통수에서의 사람 가지는 개체의 반성만으로 생겨나는 것이 아니라 이렇게 종의 반성이라는 계통발생을 통해서도 형성된다. 이렇게 만들어지는 사람 가지는 어미 가지의 모든 것을 이어받고 있으면서도 동시에 어미

가지와 모든 것을 달리한다. 이것이 테야르가 지적하는 가지들 간의 '관계들이고 차별성들'이다.

사람을 동물 집단의 하나로 볼 때 사람에게는 동물 집단의 특징들이 모두 나타난다. "그러나 그것들은 역시 진화하기 때문에 반성을 거치며 바뀐다. … 한편으로는 변하지 않았다. 그러나 전혀 다른 존재가 되었다. 공간과 차원이 달라지며 변이가 일어난다. 연속 속의 불연속이다. 진화 속의 돌연변이다. … 사람 안에는 그러한 우주가 온전히 들어 있으며, 그러한 우주의 본질을 세월 따라 천천히 구현함으로써 사람은 앞으로 나아간다."(173)

정신권noosphere은 개체의 인간화, 종의 인간화를 통하여 이루어진다. 지구는 금속으로 된 지핵이 있고, 그 위에 바위로 된 암석권이 있고, 그 위에 물이 흐르는 수권이 있고, 암석권과 수권 위에 공기로 채워진 대기권이 있다. 이러한 것들이 물리학의 세계였는데, 첫 세포가 생겨나 진화하면서 여기에 생물체들로 이루어진 생명권이 더해졌다. 생물체에 신경세포가 생겨나고 두뇌로 발전하여 의식이 등장하고 드디어는 반성하는 자의식에 이르러 지구는 이제 생명권에 정신권을 더하게 된다.

린네는 자신의 주저 『자연의 체계』 초판본에 사람을 분류하지 않았다. 분류학자로서 명성을 얻은 다음에야 개정판에서 사람을 다른 동물들과 나란히 분류하였다. 물론 그 당시 린네를 비판했던 사람들과 같은 관점을 취하자는 것은 아니지만, 즉 하느님의 모습을 본떠 가진 인간을 다른 존재들과 같이 취급하는 것은 잘못이라는 주장을 하자는 것은 아니지만 테야르의 시각에서 보면 린네의 분류는 사실 적합하지 않다. 인간은 반성이라는 바로 그 능력 때문에 다른 유인원들과 나란히 분류될 그러한 존재가 결코 아니기 때문이다.

"모든 걸 제자리에 놓고 보면 반성의 발걸음은 그 어떤 동물학적 단절보다 더 중요하다. 네발짐승이나 후생동물의 출현 같은 것보다 훨씬 중요하다. 진화의 역사에 놓여 있는 계단으로 볼 때, 생각의 출현은 곧바로 지구의 탄생이나 생명 출현의 뒤를 잇는 것이며, 중요성으로 보더라도 그 두 현상에 비길 수 있다."(176)

2. 반성하는 인간의 원래 형태

테야르의 추정에 따르면 반성의 능력을 갖춘 사람은 조용하게 등장했다. 사람은 다른 어떤 종과도 다를 게 없이 출현했기 때문이다. 사실 인간에 이르러 탄젠트적인 측면보다 라디우스적인 측면이 변화했기 때문에 탄젠트적으로 바라볼 때 인간의 등장이 별로 특이할 이유는 없다. 그래서 그는 다른 생물들과 마찬가지로 윤생체의 한 잎으로 출현했다. 지금은 다른 잎들이 사라져 보이지 않기에 멀리 떨어진 것처럼 보이지만, 처음 발생했을 당시는 최초로 두 발로 걸었을 것으로 짐작되는 오스트랄로피테쿠스Australopithecus 같은 존재들과 더불어 시행착오를 거치며 성장하고 있었을 것이다.

형태론적으로 보아도 지금의 인간과 과거의 인간을 비교해 보면 —다른 동물에서처럼— 더 먼 과거의 존재들이 원시적 특징들을 더 많이, 더 뚜렷이 보여 주고 있음을 확인할 수 있다. 그 집단의 구조라는 측면에서도 인간은 다른 생물들과 마찬가지로 다양한 아종을 또한 보여 주고 있다.

사람 또한 가지 뻗기의 경향을 보인다. 그것도 어떤 의미에서는 다른 생명체들보다 더욱 전형적이다.

하지만 인간의 탄생도 다른 생물의 탄생과 마찬가지로 그 최초의 형태를 파악하기는 어렵다. 대개 우리가 볼 수 있는 것은 최초의 것이 아니라 최대로 발달한 것이기 때문이다. 원래 형태original form의 꽃자루를 재구성한다고 해도 그곳에는 늘 빠져 있는 것이 있기 마련이다.

다만 한 가지에 속한 잎들이 같은 형질을 보인다는 점을 고려할 때, 인간은 여러 가지가 수렴한 것이라기보다는 한 가지에서 비롯되어 계속 이어지고 두터워졌다고 보인다. "그 선조는 아주 활기차고, 뇌를 빼고는 가장 덜 전문화되어, 가장 중심되는 작은 가지였을 것이다. 그렇게 보면 사람의 계보는 발생으로 볼 때 똑같은 하나의 점, 곧 반성이라는 점the point of reflection으로 모인다."(181)

테야르는 인간현상과 관련하여 다음 두 가지 점을 기억할 것을 요청한다. 첫째, 사람은 전 지구의 일반적인 암중모색을 거쳐 나타났다. 둘째, 모든 존재는 우리에게 싹의 상태에서 나타나는 것이 아니라 한창 꽃핀 모습으로 나타난다. 그러므로 첫 모습을 알지는 못하지만 긴 세월의 성과로서 인간이 나타난 것은 확실하다는 것이 인간의 첫 모습에 대한 그의 요약이다.

🖉 3부 1장 생각의 탄생의 주요 내용

1. 인간은 해부학적으로는 다른 협비류 유인원과 크게 다
   르지 않다. 크게 다른 것은 심리학적 측면이다. 인간은
   의식을 자신에게 돌리는 자의식의 능력, 반성의 능력을
   갖추게 되었는데, 이것이 인간을 다른 유인원으로부터
   구별 짓게 하는 것이자, 지구의 탄생 및 생명의 출현과
   더불어 지구 역사의 획기적인 지점이 되게 하는 것이다.
   이러한 반성은 개체의 차원에서 인간 고유의 여러 정신
   작용을 가능하게 하지만, 종의 차원에서도 변화를 가져
   오는데, 유전자가 아니라 문화적 유전자의 전달을 통하
   여, 궁극적으로는 정신권을 형성한다.

2. 생각이 처음으로 등장할 때의 모습은 물론 숨겨져 있다.
   꽃자루는 늘 숨겨져 있기 때문이다. 물론 인간 또한 어
   떤 의미에서는 다른 생명과 마찬가지로 생명의 일반법
   칙을 아주 잘 따르지만, 반성을 통하여 변화된 법칙을
   따른다.

2장
정신권의 전개

테야르는 이 장에서 '정신권의 전개the deployment of the noosphere'라는 제목 아래 첫째 절에서 원시인류가 분화하는 모습을 보여 주고, 둘째와 셋째 절에서 그중 네안데르탈인과 호모 사피엔스를 정신권에 가장 근접한 인류로 검토하며, 넷째 절에서 호모 사피엔스가 신석기 도구와 더불어 삶의 방식의 변화를, 특히 사회화를 이룩하였음을 지적한다. 그리고 다섯째 절에서는 여타 문명과 달리 오직 서구만이 새롭게 하는 힘을 가지고 역사를 이끈다고 주장하고 있다.

1. 원시인류의 분기상

오늘날 인간의 진화사는 350만 년 전의 오스트랄로피테쿠스보다 더 소급되어 700만 년 전의 사헬란트로푸스 차덴시스Sahelanthropus tchadensis로부터 시작한다. 이후 200만 년 전의 호모 하빌리스Homo habilis, 100만 년 전의 호모 에렉투스Homo erectus, 30만 년 전의 호모 사피엔스Homo sapiens로 발전했다고 보는데, 견해에 따라서는 호모 하빌리스와 동시대에 살았다고 보이는 호모 루돌펜시스Homo rudolfensis, 호모 에르가스터Homo ergaster를 더하기도 한다. 이 경우에는 호모 하빌리스보다는 호모 루돌펜시스가 호모 에르가스터를 거쳐 호모 에렉투스에 이르렀을 것으로 본다. 원시인류의 가지 뻗기 모습the ramified phase of the prehominids을 그린 그림 7에서 시난트로푸스, 즉 베이징 원인과 피테칸트로푸스, 즉 자바 원인이 호모 에렉투스에 속한다.

원인, 즉 원시인류는 현생인류인 호모 사피엔스 이전의 모든 인류를 가리킨다. 그러나 테야르는 이러한 분류법에 대하여 이견을 가지고 있다. 예를 들어, 시난트로푸스는 해

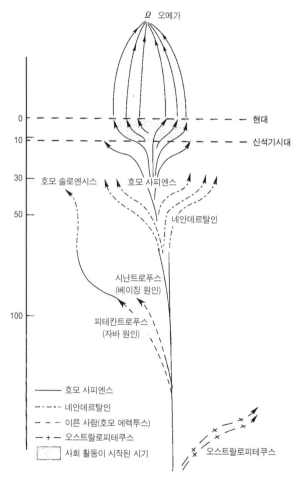

그림 7   원시인류의 분기상과 오메가포인트(184)

부학적으로는 인간보다는 원숭이 세계에 가깝지만, 도구와 불을 사용했다는 점 등을 볼 때 —우리 수준에 미치지 못한다고 해도— 지성을 가졌을 가능성이 있다는 것이다. 테야르는 이러한 점을 들어 그들을 과소평가하지 말아야 한다고 지적한다. "그렇다면 그 원시인류가 골격학적으로는 유인원적인 특성이 많지만, 심리학적으로는 우리에 더 가깝다고 해야 하리라."(187)

2. 네안데르탈인 다발

우리는 자신을 호모 사피엔스라고 알고 있지만, 사실 우리의 정확한 학명은 호모 사피엔스 사피엔스다. 우리와 더불어 호모 사피엔스에 속하는 다른 종이 있기 때문이다. 그다른 호모 사피엔스가 바로 네안데르탈인이다(물론 그들을 호모 사피엔스의 아종으로 분류할 것인지 별개의 인류로 분류할 것인지에 대해서는 이견이 있다. 일단 아종으로 보기로 하자).

그들은 죽은 사람을 매장하고 꽃을 뿌리기까지 했다고 알려져 있다. "진짜 사람이다, 그러나 아직 우리와 똑같지는 않다."(189) 물론 네안데르탈인 가지에도 윤생이 있었을 것이며, 그런 의미에서 테야르는 적어도 두 네안데르탈인 다발the fascicle of the Neanderthaloid이 있었을 것으로 본다.

표에서 보이는 호모 솔로엔시스는 피테칸트로푸스의 진화된 형태라고 간주된다. 해부학적 구조는 피테칸트로푸스의 특징을 보이지만 두개골의 크기에서는 호모 사피엔스에 가깝기 때문이다. 표에서 볼 수 있는 것처럼 인간의 진화 과정 중에 여러 가지들과 그 가지의 윤생들이 뻗어 나가고 또 사라진 것으로 보인다. 이들 모든 가지들 중에서 우뚝 솟아난 존재가 바로 우리, 호모 사피엔스였다.

3. 호모 사피엔스 집합체

고고학적으로 발굴되는 구석기인들은 우리와 다를 바가 없다. 그들이 갑자기 어디서 나타났는지 의아하지만 ―식물군에서 볼 때 겉씨식물이 물러나고 속씨식물이 등장했던 것처럼― 네안데르탈인이 물러나고 호모 사피엔스 사피엔스가 등장하였으리라 짐작된다.

이렇게 등장한 호모 사피엔스는 "지금도 그들이 살았던 곳과 거의 같은 장소에서 사람이 살고 있는데 지금 사람을 보는 것이나 그들을 보는 것이나 다를 것이 별로 없어 보인다. 흑인, 백인, 황인이 현재의 영역대로 동서남북에서 무리를 이루고 있었다. 유럽에서 중국에 이르기까지 마지막 빙하시대 끝 무렵에 우리가 보는 모습이다. 그러므로 후기 구석기인은 해부학으로뿐 아니라 민속학으로 보아도 실제로 우리와 같다. 우리의 어린 시절"(192)이라고 이야기할 수 있을 정도다. 이러한 것이 호모 사피엔스 집합체Homo sapiens complex다.

물론 오늘날 우리처럼 발전된 첨단의 과학기술을 지니지는 않았겠지만, 우리가 아프리카나 아마존의 오지에서 발견하는 소위 원시부족과 별로 다를 바가 없는 사람들이 후기 구석기시대부터 살고 있었다고 볼 수밖에 없다. 동굴벽화들은 그들의 정신세계가 죽은 사람을 매장하는 수준을 넘어서서 그 이상의 수준에 이미 도달하였음을 보여 주고 있다.

4. 신석기 삶의 형태 변화

학자들은 신석기시대가 대략 일만 년 전에 시작되었으리라 추정하고 있다. 이를 신석기시대라고 부르는 것은 이때부터 돌을 깨어서 도구를 만들던 타제석기시대가 끝나고 돌을 갈아서 도구를 만드는 마제석기시대가 시작되었기 때문이다. 하지만 이 시대 인류 삶의 본질적인 변화는 도구의 전환과 더불어 삶의 방식이 수렵 채취에서 농·목축업으로 변경된 점이다. 즉 자연에 있는 것들을 '주워서' 먹고사는 것이 아니라, 자연에 있던 것들을 '길러서' 먹고살게 되었다는 점이다. 그리고 이러한 삶의 방식을 실현하기 위하여 사람들이 대규모로 모여 사회를 이루고 살기 시작하였다는 점이다. 이러한 것들이 신석기에 일어난 삶의 형태 변화the neolithic metamorphosis다.

사실 우리 근대인의 삶의 전형은 이 신석기시대에 이미 모두 형성되었다고 말할 수 있다. 다소간의 변형이 있기는 했지만, 지금도 우리의 생존은 여전히 농업과 목축업에 의존하고 있으며, 우리의 사회적 삶도 전제주의와 민주주의 사이를 오가며 운영되고 있다.

종의 인간화와 관련하여 지적했던 것처럼 문화유전자가 유통되고 문명이라는 현상이 생겨났기 때문에 인간이 대규모로 모여서 '사회'를 이루고 살기 시작한 일은 개체의 인간화로서 '반성'이 생겨난 만큼이나 중요한 사건이다. 개체가 늘어나고, 농사와 목축에 좋은 지역에 대한 투쟁이 일어났으며, 투쟁에서 승리하기 위해 사회조직을 갖추는 등의 일이 일어났다.

이러한 과정 중에 심지어 "조사와 발명이라고 하는 놀라운 일이 생겼다. 전에 비할 수 없는 정말 새로운 시작이요, 생명의 영원한 더듬기(시행착오)가 반성의 형태 안에서 그렇게 새로운 길을 찾았다! 이 놀라운 시기에 할 수 있는 것은 다 해본 것 같다".(195)

5. 신석기시대의 연장과 서구의 대두

글로 적힌 기록이 있는 역사시대와 그것이 없는 선사시대, 즉 역사 이전 시대를 구분하는 것은 인문학의 일반적인 전통이다. 역사시대는 지금으로부터 대개 5천 년 이전, 즉 고대 문명이 성립된 때부터를 가리킨다. 하지만 테야르는 이러한 구분이 글자 기록의 있고 없음에 따르는 편의상의 구분일 뿐 본질적인 것은 아니라고 본다. 그는 신석기 이후의 모든 시대를 신석기시대의 직접적인 연장the prolongation of the Neolithic이라고 간주한다.

이렇게 연장해서 본다고 하더라도 신석기시대는 지구의 여러 시기와 비교하면 그 시간적 길이가 외적인 변화가 있기에는 너무 짧다. 그리고 ─드디어 반성 능력이 활발히 발휘됨으로써─ 탄젠트적인 변화보다 라디우스적인 변화가 크게 부각될 수밖에 없다. 따라서 이 시기의 특징적인 모습은 두 가지로 나타나는데, 그 하나는 생물학적 단위가 점차로 정치적·문화적인 단위로 대체되는 현상이고, 다른 하나는 그러한 과정 중에 심리적인 축이 집단에서 개인으로 분화되어, 이렇게 개별화된 개체들의 결속 문제가 대두된다는 것이다.

하지만 그렇다고 해서 역사와 생명이 완전히 분리되는 것은 아니다. 역사현상은 생명현상의 토대 위에서 이루어진다. 다만 차이가 없지는 않다. 예를 들어, 인간 이전의 생물 간의 대립에서는 승자가 패자를 완전히 제거한다. 반면 인간 간의 대립에서 승자는 패자를 정복하지만, 또한 동시에 동화된다. "패배자는 일부 흡수되면서도 정복자를 동화시킨다. … 민족전통이 서로 섞이고 또한 뇌 유전자도 서로 섞이는 이중현상의 결과 진정한 생물학적 화합이 일어난다."(198)

이러한 화합의 원인이자 결과가 바로 고대문명의 발생이다. 테야르는 일반적인 분류와 달리 오대 고대문명을 열거하고 있는데, 중앙아메리카의 마야문명, 남쪽 바다의 폴리네시아문명, 황하 유역의 중국문명, 갠지스 인더스 계곡의 인도문명, 나일과 메소포타미아의 이집트 및 수메르문명이 그것이다. 여기서 테야르의 개인적인 견해가 두드러져 보이는 부분은 동쪽 문명에 대한 평가 절하와 서쪽 문명에 대한 기대다. 분석이 일방적인 감은 있지만, 결과론적으로는 설득력이 없지 않은 지적이다.

그는 중국문명이 처음 시작한 이래로 새로워지려는 감각과 비약이 없었다고 지적하고 있다. 중국문명은 물론 엄청나게 세련된 문명이지만 처음 시작된 이래로 방법을 바꾸지 않았다는 것이다. 심지어 그는 중국문명을 두고 19세기 한가운데 아직 신석기시대가 있는 셈이라고까지 이야기한다. 다른 곳에서처럼 새로워지지 않고 같은 선, 같은 수준만을 맴돌며 자기 안에 갇혔다는 것이다.

마찬가지로 그는 인도문명은 허무주의 형이상학에 빠져 진보를 달성할 수 없었다고 지적한다. 그가 이해하는 인도 철학은 세상현상을 하나의 환상(마야)이요, 그 안의 모든 일을 업(카르마)으로 보는데, 이런 교리 내에서 진보가 일어나기는 어려울 수밖에 없다는 것이 그의 비판이다. 인도의 철학과 종교, 특히 그것들에서 나온 신비주의가 유의미하기는 했지만, 너무 지나친 수동성과 무심함 때문에 앞으로 나아갈 동력을 제공하지 못했다고 본다.

그래서 테야르는 자신이 태어난 세계, 즉 지중해세계가 인간 진화의 동력을 갖추었다고 주장한다. 문화적인 특성상 서구가 대두the rise of the west할 수밖에 없었다는 것이다. "유프라테스와 나일과 지중해에서 장소와 주민이 특이하게 만나 몇천 년 동안 중요한 혼합물을 만들어 냈다. 상승하는 힘을 잃지 않은 채 이성은 사실에 관심을 갖고 종교는 행동에 관심을 가질 줄 알았다. 메소포타미아, 이집트, 그리스, 그리고 그 모든 것 너머에 유대 그리스도교라고 하는 신비한 효모가 있었다. 그것은 유럽에 정신의 틀을 선물했다."(200)

지중해권이 아닌 곳에서 태어난 사람의 관점에서는 테야르의 이러한 판단에 대하여 테야르가 다른 문명을 제대로 파악하지 못했다고 비판할 수도 있다. 그렇지만 오늘날 우리가 가지고 있는 문명과 문화가 서구 일색이라는 점을 고려하면 그가 중국에 태어났어도 마찬가지 결론에 이를 수 있었으리라 보인다. 더구나 다음과 같은 테야르의 지적은 더욱 그럴듯하게 보인다.

"오늘날의 사람을 이루는 것은 모두 서구라고 하는 열렬한 성장과 개혁의 지역에서 나왔고 적어도 거기서 '다시 꽃핀 것이다.' 오래전부터 다른 곳에 있었던 것도 유럽의 사상과 활동체계와 만나야 비로소 뭔가 사람에게 가치 있는 것이 되었다."(201)

🖊 3부 2장 정신권의 전개의 주요 내용

1. 정신권은 인간에 의해서 구성되었다. 인간의 발생을 소급해 보면 수백만 년에 이르지만, 오스트랄로피테쿠스에서 출발하여 호모 사피엔스에 이르는 동안 다양한 분기를 해 왔다. 호모 에렉투스 정도에만 이르러도 해부학적으로는 유인원에 가깝지만, 심리학적으로는 현생인류에 더 가깝다.

2. 호모 사피엔스에 속하는 네안데르탈인은 비록 멸종하기는 하였으나 호모 사피엔스라고 불리기에 충분할 정도로 정신 능력을 갖추었으리라 추정된다.

3. 보통 크로마뇽인으로 불리는 호모 사피엔스 사피엔스가 현생인류인데 이들은 우리와 다를 바 없다. 그들은 우리가 아프리카나 아마존에서 만나는 원시부족들과 다름없는 사람들이었으리라 추정된다.

4. 신석기시대에 인간들은 커다란 변형들을 경험하는데, 타제석기에서 마제석기로의 전환, 수렵·채취에서 농·

목축업으로의 전환, 가족생활에서 사회생활에로의 전환 등이 그러한 것이다. 특히 사회화를 통하여 인류는 새로운 차원에 도달했다.

5. 전통적으로 선사시대와 역사시대가 구분되지만, 테야르는 이러한 구분이 큰 의미가 없으며 오히려 신석기 이후의 모든 시대는 신석기시대의 연장이라고 본다. 그리고 그는 여타 문명은 괄목한 만한 성장을 이룩하지 못했으며, 오직 서구만이 새롭게 하는 힘을 가지고 역사의 추동력이 되고 있다고 지적한다.

3장
오늘날의 지구

시대의 변화

인류의 역사에서 세 개의 혁명을 이야기할 때, 신석기혁명, 도시혁명, 산업혁명을 든다. 테야르는 도시혁명을 신석기혁명의 연장선이라고 파악했기 때문에, 그에게는 신석기혁명과 산업혁명이 인류사의 두 혁명이라고 할 것인데, 사실 산업혁명이 신석기혁명 이후의 농·목축업 기반 사회를 산업 기반 사회로 변경시켰기 때문에 그의 이러한 지적은 일리가 있다고 하겠다. 우리는 오늘날 산업혁명의 넷째 단계라는 의미의 4차 산업혁명이라는 표현을 사용하고 있는

데, 이 새로운 산업혁명의 의미도 테야르의 인간현상에 대한 이해를 토대로 할 때 더 잘 이해될 수 있다.

테야르는 자신이 사는 시점이 다른 역사적 시점들과 마찬가지로 변화 가운데 있는 시점이지만, 아주 특별한 전환의 시점이라고 생각한다. 오늘날에는 연장자가 사회에서 중심적인 역할을 하지 못한다는 점만 보아도, 오래된 것이 유지되기 어려운 급격한 변화가 우리가 사는 시대의 특징이라는 것은 쉽게 알 수 있다. 모든 시대는 저마다 전환점에 처해 있지만, 우리가 사는 이 시대는 분명 특별한 전환점 위에 서 있다. 바야흐로 시대가 변화a change of age하고 있는 것이다.

산업 사회에 접어들면서 신석기혁명 이후에 유지되어 온 경제체제와 사회체제는 일시에 변화를 겪게 되었다. 이러한 변화를 어떤 의미로 읽을 것인가가 중요하다. 암석권에서 무엇이 변하여 생명권이 덧붙여졌듯이, 정신권에서 무엇인가가 새롭게 변하고 있는 것이 아닌가 하는 생각이 드는 것이다. 테야르가 인간현상이라는 제목의 책을 저술한 이유도 바로 이런 생각 때문이었을 것이다.

"세상은 들끓고 현재가 미래와 뒤섞이는 그런 혼란하고 긴장된 공간에서 우리는 그 어느 때보다 가장 위대한 인간 현상을 눈앞에 보고 있다. 다른 데가 아닌 바로 여기요, 다른 때가 아닌 바로 지금, 우리는 사람이 된다는 것의 뜻과 중요성을 우리 이전의 어떤 사람들보다 더 열렬히 가늠해 보고자 한다."(203-4)

테야르는 젊은 지구와 어머니-지구에 이은 오늘날의 지구the modern earth에서 우리가 두 가지를 알아야 한다고 지적한다. 첫째 절에서 지적하는 하나는 우리 자신이 진화 가운데 있으며 진화의 성패가 우리의 손에 달려 있다는 '사실'이다. 둘째 절에서 지적하는 다른 하나는 진화를 성공적으로 이끌기 위하여 우리가 처신을 제대로 해야 한다는 '당위'다.

1. 진화의 발견

천동설과 지동설의 역사적 대립에서 볼 수 있는 것처럼, 오늘날 우리가 가지고 있는 공간개념은 겨우 수 세기 전에 확립되었다. 이전의 사람들에게는 우주라는 무한한 공간이 있는 것이 아니라 지구라는 유한한 공간만이 있었고 땅이 아니라 하늘이 돌고 있었다. 오늘날 우리는 당시의 사람들이 개인적으로 확인한 적도 없이 그렇게 믿었던 것처럼, 개인적으로 확인한 적도 없지만 다르게 믿고 있다. 일반적으로 우리는 전문가들이 믿는 것을 따라서 믿는다.

그래도 손발로 잡고 디뎌볼 수 있었던 공간과 달리 손에 잡히지도 않는 시간은 옛것들에 대한 탐색과 분류를 통하여 비로소 이해되기 시작하였다. 우리가 상상도 할 수 없었던 공간이 있는 것처럼, 우리가 상상도 할 수 없었던 시간이 지구에 있었던 것을 이해하게 되었다. 이렇게 확장된 **공간과 시간에 대한 인식**the perception of space-time과 더불어 우리는 그러한 시공간 내에 존재하는 것들의 관계에 대해서도 좀 더 '전체'적인 이해에 도달하게 되었다. 즉 그러한 것들을 따로 분리해서 생각하는 것은 합당하지 않다는 것이다. 테야르에 따르자면 모든 것은 돌이킬 수 없는 방식으로 서로 연결되어 있다.

테야르는 여기서 진화론에 대한 우리의 이해를 수정하고자 한다. 그는 진화론을 어떤 존재들의 변화를 설명하는 국

부적인 이론으로 보는 것이 아니라, 우주와 지구의 근본적인 현상으로 파악한다. 즉 진화는 현상을 설명하기 위한 하나의 이론, 하나의 체계, 혹은 하나의 가설이 아니라 모든 이론, 모든 가설, 모든 체계가 가능하기 위한 조건이요, 전제라는 것이다.

이런 관점에서 테야르는 시간과 공간은 물론이고 그러한 시공 속에서의 지속, 그리고 자신이 그러한 **지속에 포함되어 있다**the envelopment in duration는 자기 이해가 근대인의 자격 조건이라고 본다. 진화를 인정한다면 자신도 그러한 진화 가운데 있는 존재라는 것을 인정해야 한다는 것이다. 진화론을 주장하는 어떤 유물론자들은 자신의 지성이 진화의 산물이라는 것을 인정하지 않는다. 즉 자신의 지성만은 예외로 보는 것이다. 테야르는 이러한 태도가 합리적이지 못하다고 지적하고 있다.

테야르는 이렇게 묻는다. "진화 과정에서 '생각'에 어쩔 수 없이 일차적인 위치를 부여하지 않고서, '시공간'의 유기적 흐름 속에 생각을 어떻게 통합시킬 수 있겠는가? 정신발생이라는 것을 동시적으로 대면하지 않고서 마음에까지 연장되는 우주발생을 어떻게 상상할 수 있겠는가?"(208) 우주의 정신은 진화를 계속하다가 인간에 이르러 자신을 의식하게 되었다고 볼 수 있다. 그러므로 우리는 이렇게 말할 수 있다. "사람은 진화를 의식하는 진화다."(209)

인간의 사유를 이렇게 본다면, 이제 세상을 바라보는 새로운 시각이 열리고 새로운 전망이 펼쳐져, 진화하는 세계에 **조명**illumination을 비춘 것처럼 세계가 환하게 드러나 보인다. 이제까지 우리는 과거로부터 현재로, 하등생명으로부터 고등생명으로 진화를 추적해 왔다. 그러나 우리 각자의 의식 속에서 진화를 스스로 돌아보면, 즉 자신을 안다면 우리는 이제 현재로부터 과거로, 고등생명으로부터 하등생명으로 거꾸로 살펴볼 수도 있다. 테야르는 이러한 방향을 따를 때 같은 구조, 같은 역할 관계, 같은 운동을 확인할 수 있다고 지적하고 있다.

먼저 '같은 구조'다. 자연과 인공, 물리와 윤리, 유기체와 물리법칙은 우리가 구분하는 각기 다른 영역이다. 두 영역은 달라 보이지만 사실 같은 능력을 가지고 있다. 테야르가 지적하는 재미있는 예로 날개 달린 새와 날개 없는 조종사의 비교가 있다.

독일의 기술철학자 데사우어Friedrich Dessauer도 ─테야르와
는 논의의 방향이 약간 다르기는 하지만─ 바로 이 점을 지
적하고 있다.

기술은 분명 자연법칙의 한계를 극복하는 것, 자연법칙의 속
박으로부터의 자유를 의미하기 때문다. 그러므로 인간은 날
수 있다. 그가 중력을 부정하거나 보류하기 때문이 아니라,
지적인 과정을 통하여 중력에 침투하여 (비유적으로 말하자면)
그 일의 다른 측면에 도달하기 때문이다. … 인간이 공중에
있으면 떨어진다. 그러나 기술적 작업, 즉 모터로부터 나온
에너지는 인간을 중력의 끌어내림과 반대로 떠 있게 한다.
이것이 가능한 까닭은 중력과 기계적 작업의 심원한 내적인
친화성 때문이다. 만약 그것들이 본질적으로 같은 종류의 것
이 아니라면, 그것들의 실재가 같은 영역으로부터 유래된 것
이 아니라면, 인간이 기계적 작업을 수단으로 중력의 반대
방향으로 움직이는 것은 음악을 수단으로 움직일 수 없는 것
과 같이 불가능할 것이다. 중력과 비행의 근본적 수단과의

이러한 심원한 관계는 힘이라는 물리적 개념 뒤에 숨어 있다 (Dessauer, "Technology in Its Proper Sphere," Mitcham & Mackey ed., Philosophy and Technology, Free Press, 1972, p. 320).

데사우어가 말하는 중력과 기계적 작업의 심원한 내적 친화성, 그것은 테야르가 말하는 같은 구조에서 비롯되는 것이다. 그러므로 인공은 인간화된 자연, 윤리는 인간화된 물리, 사회는 인간화된 유기체라고 말할 수 있다. 사회생물학이 사회학이 생물학으로부터 비롯되어야 한다고 주장하는 것과 비슷한 방식으로, 테야르는 사회학과 생물학이 비록 형태는 다르지만 같은 구조를 가진 존재들을 다루고 있다고 지적한다. 그 구조는 예컨대 '윤생'과 '부채꼴'이다. 그래서 그는 사회현상은 생물현상이 약화된 결과가 아니라 오히려 생물현상이 최고도에 이른 것이라고 지적한다.

다음으로 '같은 메커니즘'이다. 같은 구조는 같은 방식으로 움직인다. 그러므로 테야르는 우리가 인공물들에서 볼 수 있는 메커니즘들이 우리가 자연물들에서 보는 메커니즘일 수 있다고 지적한다. 자연물에서 '시행착오'를 통하여

'혁신'이 일어나듯이, 인공물에서도 마찬가지로 시행착오를 통하여 혁신이 일어난다는 것이다. 그래서 지성이 진화의 산물임을 부정했던 유물론적 진화론자들을 비판했듯이 테야르는 인간의 하는 모든 일은 우리 안에서 생긴 것이 아니라 우주가 탄생하여 만물을 창조하는 과정에서 비롯된 것이라고 지적한다.

마지막으로 '같은 운동'이다. 같은 구조로 같은 방식으로 움직여서 이룩하고자 하는 성과는 '의식의 성장과 팽창'이다. 유전학의 관점에서 보면 획득형질은 유전되지 않고 돌연변이를 통해 새로운 형질들이 만들어지며 적자생존을 통해 그것들 가운데 적합한 것들이 취사선택된다. 이러한 과정은 지루하고, 영향 또한 제한적이다. 침팬지와 인간의 유전자는 1.5퍼센트밖에 다르지 않지만 이만큼 달라지는 데에 6백만 년이라는 시간이 필요했고, 그 사소한 차이로 인하여 인간은 침팬지를 동물원에 가두고 사육한다.

하지만 생물학적 유전자가 아니라 문화적 유전자가 형질의 전달에 관여하게 되면 그 과정은 신속해지고 영향 또한 심대해진다. 생물학적 유전자는 개인적으로 발현되지만, 문화적인 유전자는 계통적으로 발현된다. 그리하여 계통발생과 개체발생이 완전히 일치한다. 아울러 의식은 반성 능력을 통하여 적자생존이 아니라 자율선택, 즉 취사선택을 할 수 있다. 그리하여 이제 진화는 순전히 인간의 책무가 되었다. 진화는 인간에 이르러 자신을 의식할 수 있게 되었을 뿐만 아니라 그러한 자의식을 통하여 자신을 선택할 수도 있게 되었다. 그래서 진화하는 자신을 발견the discovery of evolution한 우리에게는 우리 처신이 문제the problem of action가 된다.

2. 처신의 문제

독일의 철학자 하이데거Martin Heidegger는 인간의 상황적 특징 중의 하나로 불안Angst: anxiety을 들었다. 어떤 대상에 대한 걱정이 두려움Furcht: fear이라면 대상이 없는 걱정이 불안인데, 하이데거가 볼 때 이러한 불안은 인간이 자신의 본질적인 존재 방식에서 벗어나 있기 때문에 발생한다. 테야르 또한 이 시대의 특징을 마찬가지로 불안에서, 즉 **근대적 불안**

modern disquiet에서 찾고 있다. 그는 우리가 의식하든 못하든 불안하다면서, 불안의 뿌리가 분명히 우리 안에 있고, 우리에게 무엇인가가 결핍되어 있다고 지적하고 있다.

테야르에 따르면, 이러한 불안의 가장 큰 원인은 시간과 공간 그리고 숫자의 무한함이 가져다주는 고통이다. 근대과학의 성과로 무한한 시간과 공간, 그리고 숫자를 인지하게 된 개인이 느끼는 왜소함과 무용함이 그러한 고통의 원인이라는 것이다. 비록 그러한 것을 망각하고 산다고 해도 무의식적으로는 계속 그러한 무의미감을 느끼지 않을 수 없다.

테야르는 이러한 상황에서 진화가 시간과 공간과 숫자를 이끌고 있다는 직관을 가지는 것이 불안의 해결책이라고 주장한다. 그가 진화라는 말로 지적하는 것은 단순한 변화가 아니라 새것의 탄생이다. 세상 사람들은 하늘 아래 새로운 것은 없다고 하지만, 생물의 역사에서 보면 어느 날 동물 너머로 생각하는 사람이 생겨났다. 생명권에 덧붙여진 정신권은 현대세계의 본질이다. 하지만 이러한 정신을 가지고서도 우리는 내일이 어떠할지 아직 모른다.

테야르는 바로 이 지점에서 우리가 불안을 느낀다고 지적한다. 우리가 내일이 있다는 것을 알기 전에는 내일의 보장이 필요 없었다. 그것이 있는 줄 몰랐기 때문이다. 그러나 오늘날 우리는 내일이 있을 것을 알고 있을 뿐만 아니라, 내일이 있기를 갈망하기까지 한다. 그러나 우리는 그것이 보장되어 있지 않다는 것 또한 알고 있다. 우리는 아직 진화의 출구를 모른다. 이것이 문제다.

문제를 더 어렵게 만드는 것은 개체의 반성 능력이다. 개체가 반성의 능력을 지니게 되었기 때문에 개체는 자신이 카드놀이의 카드이면서 동시에 카드놀이를 하는 자라는 것을 알게 되었다. 그래서 개체는 놀이의 카드로 만족할 것인가, 아니면 노는 자로서 놀이판에 이의를 제기할 것인가를 선택할 수 있게 되었다. 19세기의 공장의 파업이 그러한 중거라면 21세기 정신권에서도 그러한 파업이 일어날 수도 있다.

이렇게 보면, 인간들은 세상의 요소지만 세상에 대하여 자신이 스스로 대응을 선택할 수도 있다. 인간은 자신의 진화를 알 수도 있고 모를 수도 있으며, 진화에 참여할 수도 거부할 수도 있다. 여기에서 진화의 위기가 발생하고 거기서 개인은 불안을 느낀다. 진화하는 우주의 위기는 진화의 결과로서 탄생한 반성의 능력 때문에 진화가 더 이상 자동적이지 않고 인간의 의지에 의존하게 되었다는 점이다. 자동적으로 이루어지는 것이 아니라 우리가 자의적으로 선택할 것을 **미래가 요구**the requirement of the future하는 까닭이 바로 이것이다.

그렇다면 반성 능력을 갖춘 인간은 어떤 조건이 충족되어야 좌절하지 않고 진화해 나갈 것인가? 테야르는 이렇게 대답한다. "그렇다면 우리 앞에 길이 트였다고 하기 위해서는 최소한 무엇이 필요한가? 단 한 가지, 곧 그 길로 가면 우리 자신을 실현할 수 있다는 확신, 다시 말해서 (간접으로나 직접으로나 또 집단으로나 개인으로나) '우리 자신의 최대한'에 다다를 수 있다는 확신이다."(218)

일반적으로 실증적이고 비판적인 정신을 가진 사람들은 세상의 장래와 세상의 완성 따위를 믿지도 기대하지도 않는다. 세상은 그저 우연의 산물일 뿐이고 너나 나나 모두 우연의 소용돌이 속에서 표류할 뿐이라고 말한다. 하지만 테야르는 우주가 수백만 년 노력한 결과인 생각이 그렇게 끝나리라고 생각하지 않는다.

그가 보기에 절대 비관이나 절대 낙관이 가능할 뿐, 그 중간은 없다. 그가 말하는 **딜레마**dilemma와 **선택**choice은 바로 이러한 것이다. 그래서 그는 절대 낙관을 선택하는 것이 합리적이라고 본다. 세상이 뭔가 시도했다면 그것을 시작했을 때와 똑같은 방법으로 실수 없이 그것을 완수할 것이라고 보기 때문이다. 젊은 지구와 어머니-지구를 거쳐 오늘날의 지구를 검토한 테야르는 이제 궁극의 지구를 조망하고자 한다.

🖊 3부 3장 오늘날의 지구의 주요 내용

1. 오늘날 인간이 자신을 보면서 가지는 의식, 즉 자의식은 인간이 우주의 자의식이고 진화의 자의식이라는 것이다. 우주의 진화는 오랜 과정을 거쳐 드디어 인간에 이르러 스스로 자신을 의식하게 되었고, 이러한 진화의 성패는 이제 인간의 손에 맡겨졌다.

2. 오늘날 인간의 불안은 이러한 중요한 갈림길에 선 자의 불안이다. 미래는 인간에게 선택을 요구하고 있는데, 그러한 요구에 대응하여 제대로 된 선택을 수행하고 있지 않기에 그러한 불안이 생기는 것이다. 테야르에 따르면 우리는 우리가 우리의 최대한에 이를 것임을 믿음으로써 이러한 불안에 대처해야 한다.

테야르는 이 책을 네 부분으로 나누어 서술하고 있다. **생명 이전, 생명, 생각, 초-생명**이 그것들이다. 4부인 **초-생명** superlife은 세 장으로 구성되어 있는데, 첫째 장에서는 현재의 진화 상태로부터 다음의 상태로 넘어갈 출구를, 둘째 장에서는 이렇게 출구를 나섬으로써 달성할 초-인격을, 셋째 장에는 이러한 초-인격이 만들 궁극의 지구를 다루고 있다. 2부와 3부가 지구 역사에서 생명과 생각의 의미를 탐구하였다면, 4부에서는 이제까지의 생명과 생각을 초월하는 초-생명의 전망을 보여 준다.

1장

집단 출구

예비적 고찰: 피해야 할 막다른 길인 고립

인간이 발생하고 반성이 발생함으로써 이제 생각의 단위는 개체가 되었다. 사람들은 이제 원칙적으로 자기를 위해 산다. 그래서 이제 문제는 집단의 성공과 실패가 아니라 나의 성공과 실패가 되었다. 집단이 성공하더라도 내가 실패한다면, 아무 소용이 없다고 생각하게 된 것이다. 이에 따라 좋은 것과 나쁜 것의 구분도 나를 기준으로 하게 된다. 집단에 좋은 것이라고 하더라도 나에게 나쁜 것이면, 나쁜 것이다. 우리는 이런 입장을 개인주의라고 부른다.

테야르는 이러한 개인주의가 진화의 결과이기는 하지만, 더 이상 진화할 수 없는 길을 가는 것이라고 본다. 모든 사람이 개인주의자라면 그러한 사람들로 구성된 사회가 성공할 가능성이, 그래서 그곳에 속하는 개인이 성공할 가능성이 없기 때문이다. 그리고 결국 개체의 소멸과 더불어 이러한 지향도 소멸하고 말 것이다. 하지만 테야르가 더욱 근심하는 개별주의는 개인이 아니라 인종이 단위가 되는 인종차별주의다.

그들은 생각의 단위를 인종으로 삼음으로써 적자생존 약육강식이라는 생명권의 원리를 정신권에 적용하고자 한다. 개인이나 인종을 생각의 단위로 보는 이러한 입장은 형태가 달라 보이지만 사실 같은 전략이다. 생명권의 역사를 보면 수많은 부채꼴이 나타나면서 특정한 집단이 다른 집단을 누르고 밀어내면서 번성해 왔다. 인종주의자들은 그런 일반법칙을 따르는 것은 자연스럽고 당연하다고 말한다.

미국의 독립선언서를 기초했던 프랭클린Benjamin Franklin은 물고기의 배속에 들어 있는 다른 물고기를 보고서 자신의 채식주의를 포기했다고 고백하고 있다. '저들이 서로 잡아먹는데 나는 왜 잡아먹지 말아야 하는가?'라고 반문했기 때문이다. 하지만 반성 능력을 가진 인간이 그것을 갖지 못한 동물에게서 행위의 지침을 찾는 것은 어른이 아이에게서 행위의 지침을 찾는 것과 같이 합리적이지 못한 자기변명에 불과하다.

개인주의와 인종주의는 단위에서 차이가 있을 뿐 힘에 호소하여 자기만의 성공(테야르의 표현을 따르자면 '고립에 의한 진보progress by isoloation')을 추구하기는 마찬가지다. 테야르는 근대인들의 이러한 전술들이 라디우스 에너지의 발현과 방향을 제대로 보지 못하고 있기 때문이라고 비판한다.

"내가 볼 때 그 이론들은 '생각의 알갱이들이 자연스럽게 융합하게 된다'는 기본현상을 무시함으로써, 참다운 정신권의 모습을 흐트러뜨리고 참다운 지구의 정신이 이룩되는 것을 생물학적으로 불가능하게 하고 있다."(224) 2차 세계대전 시기 몇몇 나라의 지배적인 태도가 다시 부흥하는 것처럼 보이는 지금, 인류는 과연 전진하고 있는 것인지 회의가 들기도 한다.

여하튼 테야르는 인간이 현재 상황에서부터 새로운 상황으로 나아갈 수 있다고 믿는다. 그리고 그는 현재 상황으로부터의 이러한 출구가 개별적인 출구일 수는 없고 집단적인 출구the collective way out일 수밖에 없다고 지적한다. 왜냐하면 이 장의 첫째 절에서 지적하는 것처럼 생각은 기술의 발달과 인간 고유의 계통발생 경로를 따라 융합될 수밖에 없기 때문이고, 둘째 절에서 지적하는 것처럼 이러한 융합은 인류라는 이념과 과학이라는 방법론, 그리고 만장일치의 태도에 의해서 지구 정신을 낳기 때문이다.

1. 생각의 융합

앞에서 우리는 생각이 생겨나 인류가 개체화되는 것을 보았다. 하지만 이러한 진화 방향은 곧 융합으로 방향을 바꾼다. 다시 말해, 사람 간의 관계는 융합의 방향으로 진화한다. 바깥쪽에서는, 즉 탄젠트적으로는 인구의 증가와 도시화로 인하여 사람 사이의 거리가 줄어들고 있으며, 안쪽에서는, 즉 라디우스적으로는 각종 기술을 통하여 기술적으로 사람 사이의 접촉 가능성이 더 커졌다.

80일간이 아니라 하루에 지구를 한 바퀴 돌 수 있게 되었으며, 인터넷을 이용하여 오대양 육대주에 걸쳐 어디나 동시에 존재하는 듯이 의사소통할 수 있게 되었다. 덕분에 인류의 요소인 개별적 인간들 사이에는 융합이 일어난다. 이 것이 바로 생각의 융합the confluence of thought이다.

개체로서의 인간만이 아니라 문phylum으로서의 인간도 또한 융합이라는 특징을 보여 준다. 사람의 윤생은 다른 문의 윤생과 그 모습이 다르다. 생물권에서 볼 수 있는 윤생은 한번 나오면 여러 종으로 갈라지는데, 사람의 윤생은 마치 하나의 거대한 잎처럼 통째로 자란다. 윤생을 이루는 그 하나하나는 존재가 뚜렷하지만 마치 한 옷감의 씨줄과 날줄처럼 서로 얽혀 있다. 그들은 모든 차원에서 서로 무한히 섞인다. 이렇게 유전자가 섞이고 문화와 정치체제가 섞여 융합이 일어난다.

강요된 융합forced coalescence이라는 이러한 움직임은 생명이 지금껏 걸어왔던 길을 거꾸로 뒤집은 것으로 동물들의 일반적인 경향과 반대 방향이다. 테야르는 이러한 역방향성을 문 전체가 자신으로 융합하는 것이라고 표현하는데, 이것이 진화의 강력한 수단으로서 그 길의 완성이라고 본다.

우리는 꿀벌이나 개미에게서도 효율적인 사회가 형성되는 것을 본다. 하지만 이들의 사회는 오직 수단으로서 분담된 역할만을 수행하는 개체들이 모여 형성된 것이며, 인간들은 이들과 다르게 그 자체로 목적이면서도 분담된 역할까지 수행하는 '반성하는 개체들'이 모여 효율적인 사회를 형성한다. 또 이제까지 다른 동물들의 윤생의 발달이 부채꼴 모양이었다면, 인간의 윤생의 발달은 봉오리 모양이 된다(그림 7 참조). 인간의 특이한 계통발생이다. 테야르는 이를 지구의 다른 경도상의 존재들이 극점으로 연장되면 서로 만나게 되듯이 차이들이 수렴하는 모습을 보인다고 지적한다(그림 1 참조).

이제 의식의 고양을 두 차원에서 해석할 수 있다. 하나는 진화를 통하여 의식이 세상을 의식하고 마침내 자신을 의식하여 탄젠트와 라디우스 에너지가 서로를 이해하게 되는 것이며, 다른 하나는 이렇게 고양된 의식으로 인하여 각각의 의식들이 융합하는 것이다. 테야르는 이러한 두 차원의 융합을, 즉 개체 안팎의 융합과 개체 간의 융합을 **거대 종합**megasynthesis이라고 이름한다.

그러나 생각하는 존재의 거대 종합은 생각이 약한 존재의 거대 종합과는 성격이 전혀 다르다. 개미나 꿀벌은 부여된 역할에 따라 종합을 형성할 뿐 자신이라는 고유성이 없다. 하지만 생각하는 존재(인간)의 거대 종합은 세계를 무대로 전 영역에 각자의 손을 뻗고 잡되, 한 존재 한 존재가 서로 혼동되거나 중립화되는 것이 아니라 서로의 자아를 강화하면서도 하나의 유기체를 이루려고 한다. 개개의 존재들이 자신의 정체성을 잃지 않으면서도 하나가 되는 것, 이것이 초-생명의 신비다.

그러므로 테야르는 이러한 현상을 제대로 보지 못하고서 고립을 지향하는 것은 전진의 길이 아니라 정체와 소멸의 길이라고 비판하면서, "앞에 놓여 있는 세상의 출구, 미래의 문, 초-인간superhuman을 향한 입구는 어떤 특정한 사람이나 특정한 민족에게 열려 있는 것이 아니다. 모두가 힘을 합해 밀어야 열리는 문이다. 지구의 정신적 갱신 속에서 모든 사람이 다시 합류하고 서로를 완성하는 그러한 방향으로 그 문을 모두 함께 밀어야 한다"(229)고 주장한다.

2. 지구 정신

인간이 초-인간의 길로 나아가 인간 정신이 아니라 지구 정신the spirit of the earth의 수준에 도달하는 데 핵심적인 세 단어는 인류, 과학, 그리고 만장일치다. 테야르는 **인류**humanity 라는 단어가 근대인이 미래에의 희망을 표현하기 위하여 채택한 단어로서 보편적 형제애라는 낱말과 어울려 영원한 진보를 나타내는 말로 사용되고 있으며, 지식인이나 대중을 가리지 않고 수용되고 영향력을 발휘하는 단어가 되었다고 지적하고 있다.

과거에도 인류라는 단어는 존재했지만, 물질적·정신적으로 그러한 조건이 충족되기에는 여러 한계가 있었다. 정신적으로 인류라는 단어는 대개 자신이 속한 인간 집단을 지칭하는 데에 사용되었다. 예컨대 남미의 원주민들이 인간인지 아닌지를 묻는 선교사들에게 교회는 교회 예식을 행하는 존재들만이 인간이라고 답하였다. 오늘날 우리는 이러한 편견에서 상당히 벗어났다. 물질적으로도 그러한 조건은 어느 정도 충족되었다. 우리의 식단만 보아도 북유럽의 연어에서 남미의 포도까지 지구 전체에서 나는 먹거리로 구성되어 있다. 테야르의 표현대로 이제 한 사람을 양육하려면 어떤 들판에서 나는 곡식만으로는 안 되고 지구 전체가 동원되어야 한다.

물론 인류라는 개념에 대해서도 사람들 사이에는 다양한 입장이 있다. 어떤 이들은 인류를 추상적인 관념으로서 협약에서 비롯된 것이라고 보는가 하면, 다른 이들은 인류를 마치 개인처럼 실재하는 것이어서 우리의 사유와 무관하게 독자적으로 작동하는 것으로 보기도 한다. 기하학이 파이π라는 개념을 도입함으로써 새로운 차원을 열었던 것처럼, 테야르는 집단the collective이라는 개념을 도입함으로써, 이런 입장들의 중간에 위치하고자 한다.

"집단적 실재이고, 그래서 그 나름의 종류인 인류는 우리가 손으로 만질 수 있는 몸뚱이라는 개념을 넘어서서 의식의 힘든 집중으로부터 나타나는 종합이라는 특별한 유형의 존재로 볼 때만 제대로 이해할 수 있다. 인류는 궁극적으로

정신으로만 정의될 수 있다.”(232)

테야르가 인류와 더불어 쌍을 이루는 중요한 단어로 간주하는 단어가 바로 **과학**science이다. 계몽주의를 통하여 거의 종교적인 믿음의 대상이 되었던 이런 단어들은 오용과 남용을 통하여 그 권위를 일부 상실하기도 했지만, 여전히 우리의 이상을 표현해 주고 있다. 아이러니하게도 우리의 믿음과 희망은 이들 두 단어와 함께한다. 우리는 과학적 능력을 통하여 인류의 행복을 지향하고 있다.

오늘날 우리는 세련된 지성의 덕분으로 상식에 어긋나는 많은 과학적 사실들을 알게 되었고 수용하고 있다. 우리는 우리가 보고 있는 물체들을 원자 수준에서 보면 사실은 비어 있는 공간이 대부분이고 원자핵과 주변을 도는 전자로 구성되었다고 생각한다. 그러나 사실 우리는 그러한 공간을 결코 들여다볼 수 없고 다만 믿을 뿐이다. 과학은 우주를 알아낼 뿐만 아니라 구성한다. 그것이 어떤 것일지 짐작하기 어렵지만 우리는 시간 여행까지 꿈꾸고 있다.

테야르는 우리가 과학을 하는 이유가 알기 위해서이며, 알고자 하는 이유는 힘을 얻기 위해서, 힘을 얻고자 하는 것은 행하기 위해서이고, 행하고자 하는 것은 더 존재하기 위해서라고 주장한다. 그가 말하는 더 존재한다는 것의 의미는 과연 무엇일까? 그것은 이제까지의 논의에 따른다면 진화의 자의식인 우리가 진화의 최종 목표를 달성하는 것이다.

그리고 진화의 최종 목표란 바로 사람들을 유기적 통일체로 만들어 사람 전체에, 동시에 사람 하나하나에 궁극적 가치를 두는 것이다. 이것이 어떻게 가능할 것인가?

진화의 큰 궤적을 보면 무생명체에서 생명체가 나타나 수많은 가지를 뻗었다. 그러한 가지들은 개체라는 가지가 아니라 집단이라는 가지였다. 생물권에서 사람이 생겨나 수많은 가지를 뻗었다. 이번에는 집단이라는 가지 끝에 개체라는 가지들이 수없이 생겨났다. 그래서 새로운 수준의 가지 뻗기를 수행했다. 그런데 자기반성의 능력을 품게 된 인간이 자신을 바라볼 때, 하나하나에 궁극적 가치를 두면서 동시에 사람 전체에 가치를 두지 않는 것은 과학적 사유에서 볼 때 합리적이지 않다.

사람 전체에 가치를 두는 "조화로운 집단의식, 그것은

초-의식superconsciousness이라 할 수 있다. 지구는 무수한 생각 알갱이들로 덮여 있을 뿐 아니라 하나의 큰 생각 봉지로 덮인다. 다양한 개인 반성들이 뭉치고 강화되어 하나의 '반성' 곧 만장일치적인 반성이 된다".(235) 테야르가 강조하는 세 번째 단어는 바로 이 **만장일치**unanimity다. 아직 등장하지 않은 이 개념에 대하여 그 가능성을 부정적으로 생각할 수도 있다. 하지만 우주는 시간과 공간의 차원뿐만 아니라 생각의 차원에서도 무한하다. 우리는 가능하리라 생각되지 않았던 것이 현실이 된 경우를 역사에서 적잖이 확인할 수 있다.

사실 오늘날 우리가 당면하고 있는 두 위기는 사람들이 너무 조밀한 집단을 이루어 냈다는 것과 기계와 과열된 생각이 결합하여 만들어 내는 사용되지 않는 잉여 에너지의 발생이다. 프랑스의 문명 비평가 바타유Georges Bataille는 지구의 모든 에너지는 태양에서 오는데 지구의 생명체는 태양 에너지를 통하여 성장하다가 성장에 필요한 에너지를 채우고 잉여 에너지가 생기면 생식을 통해 이를 배출한다고 지적하였다. 하지만 사회적으로는 이러한 잉여 에너지가 쌓

이면 대규모 토목 공사나 전쟁과 같은 불쾌한 방식으로 이를 배출한다고 지적하였다.

테야르 또한 과잉 에너지가, 그의 표현으로는 자유 에너지free energy가, 정신권의 압력을 높이고 있다고 지적하면서, 이러한 문제점을 해결하려는 시도가 과거와 같은 방식으로 이루어진다면 결코 성공에 이르지 못할 것이라고 주장한다. 진화의 도상에서 결코 존재한 적이 없는 오늘날의 새로운 문제에 대해서는 과거와 같은 방식이 아니라 새로운 해결책을 고안해야 한다는 것이다. 그가 생각하는 해결은 새로운 라디우스 에너지와 그에 따르는 지구 정신이라는 새로운 영역의 출현이다. 그는 이러한 영역이 출현하면 우리가 당면하는 다양한 문제들에 대한 새로운 해결책들이 등장하리라 내다본다.

🖊 4부 1장 집단 출구의 주요 내용

1. 오늘날 사람들을 유혹하고 있는 분리에 의한 전진은 개인이든 인종이든 성공할 수 없을 것으로 보인다. 왜냐하면 인간은 인간 이전의 생물체들과 달리 반성을 통하여 자아를 확립하면서도 개인으로나 문으로나 융합하고 있기 때문이다. 이렇게 진행되고 있는 융합 때문에 인간은 개별적인 출구가 아니라 집단적 출구를 통해서만 초-인간에의 길로 나아갈 수 있을 것이다.

2. 이러한 초-인간에로의 길에 핵심적인 세 단어가 있다. 그 하나는 보편적인 형제애를 의미하는 인류다. 이러한 인류는 정신적 실재로 이해되어야 한다. 다른 하나는 눈에 보이지 않은 원자의 비밀을 밝혀내었듯이 아직 도래하지 않은 초-인간의 초-의식의 신비를 밝히고자 하는 과학이다. 이러한 다양성 속의 통일성, 통일성 속의 다양성은 만장일치라는 용어로 요약된다.

2장

집단을 넘어서: 초-인격

새로운 예비적 관찰:

실패하고 말 것이라는 인상으로 인한 실망

테야르는 19세기 종반과 20세기 전반을 살았다. 그러므로 19세기의 희망과 20세기의 절망을 모두 경험했다. 19세기 사람들은 약속의 땅을 기다리며 살았다. 그들은 20세기가 과학과 형제애가 빛나는 새로운 황금기가 되리라고 보았다. 하지만 그들이 경험한 것은 1차, 그리고 2차 세계대전의 비극이었다. 20세기 후반도 어떤 의미에서는 19세기 후반과 마찬가지로 희망의 시기였다. 냉전이 종식되고 컴

퓨터와 정보통신기술이 발달하자 사람들은 전 지구적인 화해와 번영을 기대하게 되었다. 그러나 21세기 초반은 이러한 기대가 섣부른 것이었음을 보여 주고 있다.

어쩌면 우리는 이렇게 사인곡선 같은 상하 운동 과정을 반복적으로 거쳐야 할지도 모른다. 왜냐하면 오늘날의 인간이 만들어지기까지 6백만 년이 걸렸고, 호모 사피엔스가 활동한 지도 십만 년이 넘을 것이기 때문이다. 발전의 속도가 빨라지고 있다고는 하지만, 수백 년 내에 새로운 것을 기대하기에는 너무 이른 것일지도 모른다.

테야르에 따르면 우리는 모순적인 상황에 놓여 있다. 우리는 집단을 이루어서 아주 근접한 상호 관계를 맺고 있지만, 서로에게 개방되어 있다기보다는 서로를 '배척'하고 있다. 우리는 시멘트가 빠진 모래알처럼 겉돌며 온 힘을 다해 서로를 밀어내는 것처럼 보인다. 대중심리라는 이상한 흐름에 사로잡혀 집단적인 흥분 상태에서 개인적 밀어내기뿐만 아니라 집단적 밀어내기 또한 수행하고 있다.

과거 남아프리카의 인종차별정책이나 이슬람을 둘러싼 충돌, 그리고 강화되고 있는 빈부 차이에 대한 갈등에서 우리는 그러한 밀어내기를 볼 수 있다. 테야르는 자신의 당대에서도 이미 개개 의식의 집결이 정신을 형성하는 것이 아니라 '신물질'을 형성하고 있다고 근심한다.

"신물질이란 다른 물질 형태와 거의 같은 것이다. '물질'은 살아 있는 무리가 하나로 되려고 할 때 생겨나는 '탄젠트' 국면이다."(239) 달리 말하자면 개미 떼가 되는 것이고, 더 심하게 말하자면 결정체가 되는 것이다. 이렇게 보면 인류라는 기계는 전진하고 있는 것이 아니라 오히려 후퇴하고 있는 것으로 보이기까지 한다.

그렇다면 기술자는 이러한 기계를 어떻게 다룰 것인가? 기술자는 에너지가 아니라 방향이 문제라는 것을 안다. 테야르가 경험한 전체주의나 지금 우리가 목격하는 국가주의나 자본주의는 결국 인류가 실패하고 말 것이라는 실망스러운 인상discouragement: an impression to be overcome을 주기는 하지만, 진리에 아주 가까운 대단한 어떤 것의 왜곡이라고 볼수도 있다. 테야르는 이러한 전체주의나 국가주의나 자본주의의 에너지가 잘못된 것이 아니라 그것들의 방향이 거꾸로라고 지적한다. 방향을 제대로 잡는다면 우주는 어떻게 진화해 나갈 것인가?

테야르는 집단을 넘어 초-인격을 정향하는 방향으로 진화해 나갈 것으로 본다. 이를 우리에게 보여 주기 위하여 그는 이 장의 첫째 절에서 자의식적인 개체들이 한 방향으로 수렴함으로써 집단을 넘어 초-인격인 오메가포인트에 수렴하는 일이 가능하다고 지적한다. 둘째 절에서 이러한 일은 사랑 에너지에 의해 일어날 것인데, 사랑은 일상적 현상이기에 오메가포인트에 대한 사랑도 가능하다고 지적한다. 셋째 절에서는 이렇게 인간을 다음 단계로 끌고 갈 오메가포인트는 이미 우리와 같이 있으며 최종 목적지로서 자율적·불가역적·초월적 속성들을 가진다고 주장한다.

1. 인격들의 수렴과 오메가포인트

근대인들은 전근대적인 사고로부터 탈출하여 과학적 사유에 이르렀다. 모든 것의 정신을 인정하는 애니미즘에서 벗어났고 자연현상과 자연의 힘을 숭배하고 자비를 구하려는 미신에서도 벗어나는 등, 세상을 의인화하는 습관에서 벗어났다. 분석을 통하여 그러한 것들에 인격적 요소가 없으며 우리가 아직 제대로 이해하지 못하다고 하더라도 그러한 것들에는 기계적 요소만 있는 것으로 생각하게 되었기 때문이다. 이렇게 **인격적 우주**the personal universe는 해체되었다.

아울러 무한한 시간과 공간을 발견하게 되자 그러한 광대무변 속에서 인격적 요소라는 것은 세상을 설명하는 데에 중심적인 의미를 차지할 수 없게 되었다. 우주와 지구는 인간이 없었어도 별다른 일 없이 잘 움직여 나갈 것이었다. 그리고 그러한 움직임을 주재하는 것은 신도 인간도 아닌 에너지였다. 그래서 근대인들은 에너지를 새로운 정신, 새로운 신이라고 본다. 이제 우리는 우주의 처음이나 우주의 끝도 인격과 무관한 것으로 이해한다.

한동안 인간의 자존심의 근거였던 인격적 요소들, 즉 세상에 대해 '아니오'라고 부정할 수 있는 능력이나 자신을 목적으로 여기는 태도는 이제 정신 과잉의 결과로 간주되고 있다. 집단이나 세계는 개체를 넘어서는 더 큰 현실이고 더 지속적일 수 있지만, 개체는 태어나고 죽는 단절적인 과정

중의 대체할 수 있는 한 요소에 불과하게 되었다. 그것들을 이제 다른 것들과 구별될 이유가 없어진 것이다.

하지만 테야르는 이러한 과학주의적 사유에도 불구하고 우리 인간은 여기 지금이라는 자아 혹은 개체로서의 성격을 포기할 필요가 없다고 지적한다. 우리가 자신에 대하여 하는 반성이 다른 존재와 비교해서 자신이 보잘것없고 무의미한 존재라는 측면에 국한될 필요가 없다는 것이다. 또 이제까지 검토했던 진화의 방향과 시간과 공간의 의미를 고려해 보면 전혀 다른 관점에 도달할 수도 있다는 것이다.

신경절의 발달을 통하여 확인한 것처럼 진화는 의식을 향하여 상승해 왔다. 인간은 드디어 반성을 통하여 인간성을 확립하였다. 그런데 그것으로 끝일까? 진화는 최고의 의식으로 다시 상승하지 않을까? 진화의 방향성을 고려해 보면 의식의 진화는 자기반성에서 끝나지 않는다. 테야르는 진화가 초-반성hyperreflection, 초-인격화hyperpersonalization를 이룰 수 있다고 주장한다(이 책에서는 접두어 'super'와 접두어 'hyper'를 모두 '초-'라고 새겼다).

반성 능력을 갖추게 된 인간이 자신의 자아와 자기와 같은 종류인 다른 자아들의 집합체인 전체를 고려할 때 '하나의 자아an ego'와 자아들의 '전체the whole'는 대립적인 개념이다. 개인주의와 전체주의는 우선하는 것이 모순적이기 때문에 각각 폐쇄된 체계를 형성하며 결코 통합될 수 없다. 하지만 테야르는 정신권은 폐쇄된 체계가 아니라, 오케스트라의 앙상블처럼 중심으로 모이는 체계이기 때문에 통합될 수 있다고 주장한다. 테야르가 생명권의 주된 모습을 '방사꼴'로 보았다면, 정신권에서는 '중심'을 주된 모습으로 보았다.

테야르는 의식의 속성을 잘 들여다보면 바로 이러한 중심으로 모이는 가능성을 볼 수 있다고 지적한다. 그에 따르면 의식은 "첫째, 자기 둘레의 '모든 것'에 부분적으로 중심을 둔다. 둘째, 언제나 '자기 자신에 더' 중심을 둔다. 셋째, 그런 강력한 자기 집중의 결과 자기를 둘러싼 '다른 중심들과 손을 잡게' 된다".(241)

테야르는 데카르트처럼 독아론적인 자기반성을 생각하고 있지 않다. 데카르트는 그 유명한 '나는 생각한다. 고로 존재한다'는 명제에서 사유하는 자아의 의심할 여지없음에 집착한 나머지 자기 바깥의 존재에 대한 일상적인 사유를 의심하고 배제하였다. 그러나 우리는 일상적으로 자신만의 세계를 구성하면서도, 그러한 철학적 논의와 무관하게 타자와도 성공적으로 적절한 관계를 유지하며 산다. 그럴 수 있는 까닭이 바로 테야르가 지적하는 의식의 세 특징 때문이다.

테야르가 말하는 초-반성, 초-인격화의 내용은 무엇인가? 테야르의 논의에서 "초-"라는 접두어는 현재의 상태가 아니라 앞으로 진화해 나가야 할 미래의 상태를 가리킬 때 보통 사용된다. 반성이 현재의 상태라면 초-반성은 반성의 미래의 상태이다. 그가 볼 때 그러한 초-반성은 개별적인 반성들이 수렴하는 반성을 의미한다. 초-인격화는 그러한 수렴점인 오메가포인트가 ―생명이 등장하고 생각이 등장하였듯이― 개별적 인격이 수렴되는 지점인 우주적 인격으로 새롭게 등장하는 것을 의미한다. 우주적 인격이 등장하기 위해서는 인간이 인격화하였던 것처럼 인간 집단을 넘어서서 **우주가 인격화**the personalizing universe하여야 한다. 이런 의미에서 우주는 과거와는 다른 방식으로 새롭게 다시 인격적 우주가 된다.

　테야르는 이러한 우주의 인격화를 진화의 당연한 경로로 보며, 이러한 길을 따르면 성공할 것이요, 이러한 길의 반대 방향으로 나아간다면 실패할 것으로 본다. 테야르에 따르면 오늘날 우리의 시공간이 밀집되는 것에서 볼 수 있듯이, 우주는 오메가포인트로 수렴한다.

> '시공간'은 의식을 품고 있고 의식을 낳기 때문에 본성상 '수렴하는 성질'을 지닌다. 그러므로 시공간에 사는 여러 무리들은 그들을 묶어 주고 최고에 달하게 해 주는 앞에 있는 어떤 점으로 ─이것을 오메가포인트Omega Point라고 부르자─ 모여들기 마련이다. … 우리가 볼 때 '정신'은 처음부터 통합하고 조직하는 힘이기 때문이다.(241-42)

　테야르를 이야기하면서 오메가포인트에 대한 논의를 생략할 수는 없다. 그의 모든 논의는 결국 독자들에게 오메가포인트의 필연성과 사실성을 설득하기 위한 것으로 보아도 무방하기 때문이다. 반성 능력을 갖춘 인간이 중심으로 삼고 모여드는 초-인격점인 오메가포인트는 어떠한 것일까?

오메가포인트에 대한 그의 정당화는 인간현상의 경험적 법칙들을 찾아 서술한 결과이기 때문에 법칙론적으로는 당연한 귀결일 수 있으나, 그것은 볼 수 있는 자만이 볼 수 있고, 알 수 있는 자만이 알 수 있으며, 믿을 수 있는 자만이 믿을 수 있는 그러한 초-사실적인 존재일 수밖에 없다. 이스라엘의 철학자 부버Martin Buber는 테야르의 오메가포인트에 비견될 만한 존재를 '영원한 당신'이라고 불렀는데, 그는 영원한 당신을 직접 볼 수는 없고 일상에서 만나는 일상적인 당신과의 경험 속에서 간접적으로만 만날 수 있다고 보았다.

테야르 또한 나중에 보게 되듯이 오메가포인트를 우리가 온전히 볼 수 있다고 보지는 않았다. 오메가포인트를 들여다볼 수 있는 일상적 경험들은 어떠한 것일까? 필자는 그것을 사회 구성원들 사이에 자발적인 일치를 이루는 그러한 경험들이라고 본다.

신석기시대에 무리를 지어 사냥하던 사람들이 사냥감을 잡았는데 이를 어떻게 나눌 것인가에 대해서 일치를 이루는 것이 한 예가 될 것이다. 나는 자신의 기여가 얼마만큼 이라고 헤아리고 객관적으로 그 기여만큼 보상 받기를 원한다. 하지만 그것은 다른 사람들도 마찬가지고, 각자가 생각하는 기여의 총합이 '1'을 넘으리라는 것도 쉽게 반성할 수 있다. 이러할 때 모두가 동의할 수 있는 일치는 산술적 평등일 수도 있고 기여적 평등일 수도 있지만, 여하튼 일치를 이뤄야만 평화롭게 사냥 결과를 향유할 수 있다.

산업 사회에서 일반 직원과 최고 경영자 사이의 임금 차이는 어느 정도가 적합할까? 스위스에서는 2013년에 이러한 차이를 12배로 제한하자는 법이 국민투표에 붙여졌으나 부결되었다. 미국에서 이 차이는 1965년에는 20배 수준이었으나, 1989년에는 60배 수준이었고, 2017년에는 270배 수준이었다. 현재 그 차이는 월마트는 800배 수준이고 코스트코는 50배 수준이다. 코스트코의 경영 철학은 "가치를 창출하고, 직원과 고객을 섬기며, 납품회사를 존중하고, 이 모든 과정을 통하여 주주에게 보답한다"는 것이다. 어느 것이 정답인지 알 수 없다.

그 내용이 무엇이든 간에 평화롭게 향유하기 위한 만장

일치적인 합의가 있다면, 그것을 개별 인격을 뛰어넘는 초-인격이라고 부를 수도 있을 것이다. 남아프리카의 인종 갈등은 '우분투'라는 정신으로 수습되었다. '우분투ubuntu'는 '우리가 있기에 내가 있다I am because we are'는, 우리가 서로 얽혀 있으며 우리가 하는 일 하나하나가 세상 전체에 영향을 미친다는 정신이다. 이러한 정신들은 근대 이전에도 존재했지만 근대와 더불어 해체를 겪었으며 근대에 대한 반성과 더불어 부활하고 있다. 우리는 이미 이러한 경험들을 일부 축적하고 있지만, 삶의 많은 영역에서 그러한 성공을 충분히 거두고 있지 못하며 미숙한 단계에 있다고 봐야 할 것이다. 어떤 의미에서 테야르는 인류에게 이러한 방향으로 얼굴을 돌리도록 촉구하고 있는 것으로 보인다.

테야르는 이러한 초-인격을 형성할 때 중요한 것은 자아가 무시되지 않아야 한다는 것이고, 그렇지만 그러한 조건 아래서 합의에 도달해야 한다고 말한다. 결국 인격들이 수렴convergence of the personal하여 초-인격, 즉 오메가포인트에 도달하려면 자아는 자신을 포기하면서도 여전히 존재해야 하는 것이다.

그렇다면 결국 의식세계의 집중 또는 농축은 '하나'의 큰 의식을 낳지만, 그 안에는 개체 의식이 '모두' 들어 있다는 결론이 나온다. 그 의식들 하나하나는 여전히 자신을 의식하고 있을 뿐 아니라 오메가에 가까울수록 다른 존재와 더욱 뚜렷하게 구분된다.(243)

사실 이는 정신권에서뿐만 아니라 생명권에서도 마찬가지다. 세포는 몸을 이루지만 두뇌와 신장이 두뇌와 신장이 아니게 되면 몸도 없어지며 두뇌와 신장이 더욱 두뇌와 신장이 될 때 몸도 더욱 건강해진다. 플라톤이 공화국을 세 신분으로 나눈 이유도 바로 사회가 강건하기 위해서는 사회의 각 구성 성분, 즉 생산자, 전사, 정치가가 자신의 역할에 충실해야 하기 때문이었다.

테야르는 이를 이렇게 요약한다. "통일체는 차별화한다union differentiates."(243) 이는 모든 유기적인 전체에서 부분들은 전체를 통하여 자신들을 실현해 나간다는 의미다. 서로 섞이지 않는 의식들이 하나로 뭉친다는 것은 통일성과 복합성이 공존하는 시스템일 수밖에 없다.

결국 오메가는 '여러 중심들이 이룬 유기체 한가운데서 방사하는 중심'이다. 최고로 자율적인 통일체의 초점의 영향을 받아서 전체의 인격화와 요소들의 인격화가 서로 섞이지 않고 동시에 최고에 달한다.(244)

개인주의 또는 자기중심주의는 이치에 맞는 부분도 있지만 온전히 맞지는 않는다. 왜냐하면 그러할 경우 나를 세울 수는 있지만 세상이 설 수 없고, 세상이 설 수 없으면 나도 또한 설 수 없기 때문이다. 테야르는 이를 개체성individuality과 인격성personality으로 구분한다. 그는 개체들이 전체를 외면하고 개체만을 지향하는 것을 개체성이라고 부르며, 개체가 전체를 바라보며 전체 속의 개체를 지향하는 것을 인격성이라고 부른다. 그리고 인간은 개체성을 지향할 것이 아니라 인격성을 지향해야 한다고 지적한다. 개체들이 인격이 되는 것은 전체를 바라봄으로써인데, 테야르는 이처럼 자신을 사랑하면서도 전체를 사랑하는 것을 보편화universalization라고 부른다.

2. 사랑 에너지

자신이 스스로를 사랑한다는 것을 우리는 누구나 알고 있다. 그리고 자신이 다른 사람을 사랑할 수 있다는 것 또한 우리는 알고 있다. 때로 우리는 자신에 대한 사랑을 넘어서서 다른 사람을 자신보다 더 사랑하기도 한다. 이것은 주변에서도 흔히 볼 수 있는 일상적인 사실이다. 물론 테야르에게 이러한 인간적 사랑은 사랑의 일반적 모습이 아니라 인간이라는 종의 고유하고 특정한 사랑의 모습이다. 그는 사랑의 일반적 모습을 '한 존재와 다른 존재의 친화성the affinity of one being for another'이라고 본다.

이러한 친화성은 모든 존재에게 있으며 그것의 인간적 표현이 인간의 사랑이다. 테야르는 이러한 친화성이 우주 전체에 퍼져 있다고 지적한다. 또 분자들에게 하나가 되려는 욕구가 없었다면 인간에게 사랑이 나타나는 것이 물리적으로 가능하지 않았을 것이며, 우리 둘레에서 수렴하며 올라가는 의식들 어디에도 사랑은 빠지지 않는다고 지적하고 있다.

그래야 할 이유를 쉽게 이해하기는 어렵지만, 물체들 사이에는 인력이 작용한다. 인력이 물체들 사이의 탄젠트 에너지라면, 사랑은 물체들 사이의 라디우스 에너지다. 테야르는 끌어당기는 힘인 이러한 우주적인 사랑 에너지love energy의 근원을 보려면 정신의 안쪽, 즉 라디우스를 들여다보면 된다고 지적한다.

인류의 여러 스승들이 이러한 사랑을 가르쳤지만, 아직도 세상에는 사랑이 충분하지 않다. 오늘날 인간들은 과거와 비교할 때 엄청난 지적 능력을 발휘하며 지구를 변화시키고 있다. 그러나 사랑에 관련해서는 큰 변화가 없어 보이며, 심지어는 후퇴하고 있는 것으로 보이기까지 한다. 테야르는 우리가 물질을 늘리는 것으로 하나가 되는 것이 아니라 오직 사랑으로만 하나 될 수 있다고 역설한다.

> 오직 사랑만이 개체들을 하나 되게 함으로써 개체를 완성할
> 수 있다. 사랑만이 속 깊은 만남을 가져오기 때문이다. 사랑
> 하는 두 사람이 서로 자신을 상대에게 내주지 않고 어떻게
> 상대를 완벽하게 가질 수 있겠는가? 남과 하나가 되면서 '내

가 된다'는 모순된 행위를 실현하는 것이 사랑이 아닐까? 그런 일이 매일 여러 규모로 일어나고 있다면 어느 날 전 지구 차원에서 일어나지 말라는 법이 어디 있겠는가?(246)

현실적으로 우리의 사랑 능력은 한계가 있으며 기껏해야 몇 안 되는 사람들에게 사랑을 줄 수 있을 뿐이다. 남자와 여자의 사랑, 자식에 대한 사랑, 친구나 동지에 대한 사랑은 현실적인 사랑일 뿐, 우주적 차원의 사랑은 아니다. 그러나 우리의 과제들, 즉 개인과 인류의 통합, 개체와 전체의 조화 등의 보편화는 우리의 사랑 능력이 주변 몇 사람만이 아니라 인류를 품을 수 있기를 요구한다.

물론 인류에의 사랑은 주변에 대한 사랑으로부터 시작할 수 있다. 그것이 편협한 선린주의에 구속되지 않고 인류보편주의로 나아가는 한에서 그렇다. 부버의 지적대로 이러한 사랑은 직접 성취되는 것이 아니라 간접적으로 성취될 수밖에 없다. 그것이 인간의 실천적 한계이기 때문이다. 이론적으로는 이러한 사랑을 신봉할 수 있다.

그런데 테야르는 이러한 사랑이 가능할 뿐만 아니라 그

렇게 발전할 수밖에 없다고 본다. 그럼에도 불구하고 이것이 현실이 되지 않는 이유는 무엇인가? 그에 따르면 우리가 자신과 전체를 동시적으로 고려할 수 없다는 반-인격주의 anti-personalism를 극복하지 못하고, 그리하여 머리 위 세계의 정상에 인간을 사랑하고 인간이 사랑할 수 있는 어떤 초-인격, 즉 오메가포인트가 있음을 수용하려고 결심하지 않기 때문이다. 그가 추구하고 있는 것은 전 지구적인 차원의 사랑이다.

3. 오메가포인트의 속성들

오늘날 우리는 창발emergence이라는 단어를 사용하고 있다. 이는 부분들이 합하여 부분들이 가지지 못했던 특성이 나타나는 현상을 가리킨다. 원자들의 합인 분자는 원자 이상이며, 분자들의 합인 세포는 분자 이상이고, 개인들의 합인 사회도 개인 이상이다. 이처럼 결합의 단계마다 구성 요소에서 볼 수 없는 무엇이 나타난다. 하지만 이런 결합체는 해체될 수밖에 없다는 운명을 가지고 있다. 결합의 수준이 더욱 높아질수록 해체의 개연성도 더 높아진다.

창발의 개념을 계속 밀고 나가 보면, 인간들이 오늘날과 다르게 보편적으로 결합할 때 새로운 어떤 것이 등장하리라 기대할 수 있다. 물론 테야르에게 이 어떤 것은 영혼들의 영혼Soul of souls이라고 부를 수 있는 오메가포인트다. 그러나 이렇게 기대한다고 해도, 그러한 오메가포인트가 형성되기 위해서는 아주 긴 시간이 걸릴 것이라는 예상 또한 가능하다.

그런데 테야르는 오메가포인트가 취약하고 멀리 있을 것이라는 염려가 오메가포인트의 본질과 기능에 비추어 볼 때 적합하지 않다고 지적하고 있다. 그에 따르면, 오메가포인트에 이르는 동력은 사랑인데, 여기 지금 사랑이 없다면 그곳에 이르는 길은 시작될 수 없다. 그런데 지금 여기에는 사랑이 있다. 하지만 사랑이 있으려면 사랑의 대상이 시공간적으로 같이 있어야만 한다. 오메가포인트가 나중에 저기 있다는 것만으로 충분하지 않은 것이다. "정신권이 실제적이고 실재하기 때문에, 중심[인 오메가포인트]도 실제적이고 실재한다."(249-50) 먼 장래 저기가 아니라 바로 지금 여기에 오메가포인트가 있다는 것이다.

　다른 한편으로 오메가포인트의 해체 개연성이 높다는 것은 인간이 시간의 파괴력을 피해 온 역사를 보면 그렇게 걱정할 문제가 아닌 것으로 보인다. 인간들은 자신의 성취를 보존하기 위하여 자신보다 더 큰 주체인 문명·인류·지구정신 등에 성취를 집적시켜 왔다. 테야르가 초-생명superlife이라고 부르는 오메가포인트 또한 인간들이 자신의 성취를 외화하여 집적시킬 그러한 대상이기 때문에 다른 집적체들과 마찬가지로 결코 취약하지 않을 것이라는 것이 테야르의 옹호다.

　하지만 테야르는 이렇게 오메가포인트를 옹호한다고 해도 오메가포인트가 시공간 속에 머무는 한, 소멸의 운명을 피하지 못할 것이라고 지적한다. 그렇기에 우주의 진화를 이끌고 왔고 계속 이끌고 갈 오메가포인트는 시공을 초월하여 있어야만 한다. 그는 이러한 오메가포인트의 속성으로 네 가지를 지적한다. 바로 현재성actuality과 불가역성irreversibility, 그리고 자율성autonomy과 초월성transcendence이다.

　중심들의 중심이자 제일의 동인인 오메가포인트는 자신

이상의 동인을 가지지 않는다. 그래서 그것은 자율적이다. 그리고 그것은 진화의 도상에 늘 있어 왔다. 그것이 없었다면 일체의 진화는 진행되지 않았을 것이며, 오늘날 우리가 진화를 말하는 것은 진화가 인간에게 이르러 자신을 의식하게 되었기 때문일 뿐이다. 그래서 그것은 현재적이다.

하지만 테야르는 이러한 현재성이 반쪽의 현재성이라고 지적하고 있다. 왜냐하면 진행 중에는 목적지의 전부가 아니라 반밖에 보이지 않기 때문이다. 우리는 목적지에 도착해야만 그 전모를 볼 수 있다. 그 과정의 마지막은 늘 과정을 넘어 끝에 있다. 그리고 끝을 지나게 되면 돌아갈 수 없다. 그래서 그것은 불가역적이며 또한 초월적이다.

테야르는 가히 상식 파괴자라고 불릴 만하다. 물리학자들은 가장 안정된 것이 피라미드 구조의 위가 아니라 밑이라고 말하는 반면 테야르는 가장 안정된 것이 밑이 아니라 위라고 주장하기 때문이다. 그가 그렇게 주장하는 것은 탄젠트 에너지가 가득 차 있을 때 세상은 물질로 분해되지만, 라디우스 에너지를 통해서 세상은 정신으로 상승하기 때문이다.

라디우스 에너지가 아직 임계점을 넘지 못한 동물에서 라디우스 에너지는 죽음이라는 사건을 통해 탄젠트 에너지에 흡수된다. 임계점을 넘은 사람에게서만 라디우스 에너지는 탄젠트 에너지를 넘어선다. 인간은 동물처럼 그냥 죽을 수도 있지만, 엔트로피로부터 벗어나 갑작스레 오메가 포인트를 향해 돌아설 수도 있다. 즉 죽음, 그것까지도 인간화되는 것이다. 테야르의 결론은 이것이다. "흔히 생각하는 것과 달리 우주는 기계 에너지가 모이고 보존되는 곳이 아니라 인격이다."(252)

✏️ 4부 2장 집단을 넘어서: 초-인격의 주요 내용

1. 테야르는 분리에 의한 진보는 성공할 수 없으며 융합에 의한 진보만 성공할 것이라고 본다. 그는 근대화와 더불어 인격적 우주는 해체되었지만, 의식 자체에 수렴하는 경향이 있기에 개체들이 자아를 유지하면서 전체에 수렴되는 보편화를 이룩할 때, 자의식적인 개체들이 집단을 넘어서는 초-인격인 오메가포인트에 수렴될 때, 우주가 다시 인격화되리라 기대한다.

2. 이러한 수렴의 원동력은 존재와 존재의 친화성인데, 이러한 친화성의 인간적인 표현이 바로 사랑이다. 자아라는 현상과 전체를 중심으로 모인다는 현상은 모순적으로 보이지만, 남과 하나가 되면서 내가 된다는 모순적이지만 일상적인 사랑이 바로 이러한 현상이다. 우리가 초-생명이라는 창발에 이르지 못하는 것은 오메가포인트를 아직 수용하지 않기 때문이다.

3. 오메가포인트는 저 멀리 있는 것으로 오해될 수 있지만,

그것은 지금 여기에 있는 것이다. 즉 현재적이다. 그것이 없다면 우리는 사랑의 능력을 발동시킬 수 없어 진화의 첫걸음조차 내딛지 못했을 것이다. 그것은 최고이자 최후의 추동력이기에 자율적이며 불가역적이고 모든 탄젠트적인 제약을 뛰어넘는 라디우스의 궁극적인 상태이기에 초월적이다.

3장
궁극의 지구

　이제까지의 테야르의 논의는 이렇게 요약할 수 있다. 한편으로 우주의 재료로부터 생명과 생각이 출현하고 발달했지만, 다른 한편으로 이렇게 출현한 생각은 세계와 자신의 과거와 미래를 전망해 볼 때, 의식을 성장시키는 마음 중심이 있음을 깨닫게 된다는 것이다. 이러한 중심은 시간과 공간을 초월할 수밖에 없기에 초-지구적으로 존재한다고 보아야 할 것인데, 우리는 이러한 것을 점점 더 명확히 보고 있지만 그렇다고 그것을 온전히 보고 있는 것은 아니다. 그래서 우리는 지구의 궁극적인 모습the ultimate earth을 확실히 알 수는 없다. 다만 지금까지를 미루어 보고 앞으로 내다보며 짐작할 뿐이다.

테야르는 이러한 논의를 매듭짓는 차원으로 지구의 궁극적인 모습을 마지막 장에서 그려 보고 있는데, 첫째 절에서는 여러 예측들 가운데 무시할 수 있다고 생각되는 것들을 제쳐 놓은 다음, 둘째 절에서는 수행해야 할 접근들을 나열하고, 셋째 절에서는 세계의 끝의 모습을 그려 보고 있다.

1. 떨쳐 버려야 할 예측들

지구는 멸망할 것인가? 지금까지의 과학적 지식에 의하면 멸망할 수밖에 없다. 행성은 언젠가 죽는다. 하지만 인류가 태어나고 살아온 길이와 비교할 때 지구의 생멸의 길이는 너무도 길어서 인류가 걱정할 필요가 없을 정도다. 그전에 사고 또는 자살이 있을 수도 있지만, 이제까지 인류로서는 꽤 긴 세월을 살아오면서 그런 일이 없었기에 그렇지 않을 개연성이 상당히 높다고 말할 수 있다. 설사 인류에게 사고나 자살이 발생하더라도 어머니-지구는 새로운 사유하는 존재를 등장시키지 않겠는가? 인간이 꼭 지구의 궁극적인 주인공이어야 할 필요는 없지 않은가?

테야르는 적어도 상당기간 지구나 지구의 사유하는 존재인 인류가 멸망하지 않으리라 믿지만, 새로운 사유하는 존재가 생겨나기를 기대하기는 어려울 것이라 본다. 왜냐하면 "'생명'이 지구라는 행성 위에 생긴 것은 한 번, 오직 한 번이었다. 마찬가지로 그 '생명'이 '반성'이라는 문턱을 뛰어넘는 것도 단 한 번 있었던 일이다. '생명'에게 단 한 번의 기회가 있었듯이 '생각'에게도 단 한 번의 기회가 있을 것이다".(255) 이렇게 본다면 인간을 대체할 다른 지적 존재가 생겨날 가능성은 없을 것으로 보인다.

테야르는 이런 의미에서 지구나 인류의 멸망, 인류의 멸망에 따르는 새로운 사유하는 존재의 등장 등이 떨쳐 버려야 할 예측들predictions to dismiss이라고 지적한다.

2. 수행해야 할 접근들

진화의 속도로 말하자면 물질보다 생명이, 생명보다 사유가 훨씬 빠르다. 포유류가 8천만 년에 걸쳐서 진화했다면, 생각은 불과 십만 년도 되지 않아 놀라운 성과를 이루었다. 생물학적 유전자의 전달과 문화적 유전자의 전달만 비교해 보아도, 진화의 속도와 범위에서 얼마나 차이가 나는지 쉽게 알아챌 수 있다. 심지어 인류에 이르러 생물학적 진화는 거의 멈춘 듯이 보이지만, 민족과 인종을 넘어 '인류'를 향한 진화는 계속되며 속도를 더해 가고 있다.

인류의 새로운 신앙으로 떠오른 과학적 연구의 경향을 살펴보자. 예술이나 생각 혹은 과학은, 생명의 성장과 생식이 충족된 이후, 잉여와 낭비 속에서 생겼다. 그리고 과학과 기술을 통한 생산이나 무력도 대단한 수준에 이르렀다. 그러나 원시인들과 근대인들 간에는 정도의 차이만 있을 뿐, 종류의 차이는 아직 없다. 근대인들은 과학적 연구를 의식주의 문제나 적을 죽이는 문제를 좀 더 쉽게 해결하는 수준으로만 사용하고 있을 뿐이다.

그러므로 과학적 **연구는 새롭게 조직**the organization of research되어야 한다. 과학은 그러한 일만 하기에는 아까운 인간 활동이기 때문이다. 과학은 생명의 물질적인 필요성을 넘어서는 안쪽의 왕성한 활동으로 태어났다. 필연성이 아니라 호

208 4부 초-생명

기심이 과학적 연구의 동력이다. 과학은 기계를 통하여 과잉 에너지를 만들어 내고 있지만 그러한 에너지의 출구를 마련하기도 해야 한다. 어떤 의미에서 과학에 합당한 이러한 일은 이미 시작되었다. "우리는 알기 위해서 살고 있으며, 소유하기보다는 존재하기 위해서 살고 있다."(258)

이제 우리는 무엇을 알아야 하는가? 새롭게 조직된 과학적 연구가 하나를 앎으로써 여러 가지를 동시에 알게 되는 그러한 포괄적인 연구 대상을 찾는다면, 그 대상이 될 만한 것은 당연히 인간이다. 생물학적으로 인간은 연약하고 일시적인 존재이지만, 철학적으로 인간은 신비하고 알 수 없는 존재다. 인간은 다음과 같은 두 가지 이유로 과학적 연구의 대상으로 가장 적합하다. "첫째, 사람은 개인으로나 사회로나 우리가 접근할 수 있는 우주의 재료들이 가장 잘 종합된 상태를 보여 준다. 둘째, 따라서 사람은 우주의 재료 변화가 가장 활발히 일어나는 점이다."(260) 그래서 우리는 **인간을 발견의 대상**the discovery of the human as object으로 삼아야 한다.

예를 들자면, 인간은 잔인한 자연선택적인 진화의 산물

이다. 그러나 우리는 도덕을 세울 수 있고 의학을 수행할 수 있다. 우리는 고도로 인간적인 형태의 우생학을 앞으로 만들고 발달시켜 나갈 수 있다. 개인적인 차원에서뿐만 아니라 사회적인 차원에서도 그러할 수 있다. 자연의 '보이지 않는 손'을 믿는 사람들은 이러한 견해에 반대할지도 모른다. 하지만 "'생각'에 도달한 우주 자신이 우리에게 기대하고 있는 것은, 우리가 자연의 본능을 다시 생각해서 완성하는 것 아닌가? 반성된 실체, 반성된 질서를 바란다".(261)

인간에 대한 반성은 과학과 종교의 관계에 대해서도 새로운 관점을 제공한다. 먼저 종교가 있었고 후에 과학이 등장했다. 과학은 종교와 대립하는 듯이 보였고, 과학은 곧 종교를 대체할 것으로 기대받기도 했다. 하지만 오늘날 과학과 종교는 상대방 없이는 서로 발전할 수 없음을 깨닫는 중이다. 왜냐하면 그것들의 동력이 모두 인간의 삶이기 때문이다.

한편으로 인간이 행동하는 데는 믿음이 필요한데 과학을 믿지 않는 과학적 활동은 불가능하다. 그러므로 과학과 믿음은 배치되는 것이 아니다. 다른 한편으로 과학은 분석을 과제로 한다고 하지만, 분석은 과학의 기초 단계에 불과하다. 과학은 분석된 데이터로부터 종합을 이루어야 한다. 즉 분석은 결국 종합을 이루기 위한 것이다. 그리고 인류에게 최대의 종합은 오메가포인트에로의 지향이다. 종교는 분석에 그치지 않고 종합을 이루는 과학적 통찰을 통해서 지향점에 이르게 된다.

그러므로 테야르는 이렇게 주장한다. "종교와 과학, 앎의 두 모습이다. 이 둘이 결합될 때 완벽한 앎을 이루고 진화의 과거와 미래를 모두 끌어안으며 그것을 생각하고 가늠하고 마무리 지을 수 있다."(262) 겉으로는 또는 이제까지, 우리는 종교와 과학을 별개의 것으로 생각해 왔다. 그러나 테야르는 이제 종교와 과학을 앎의 두 모습으로 이해하고 **과학과 종교를 종합**the conjunction of science and religion함으로써 인류가 새로운 앎으로 나아가기를 강력히 권고한다.

이처럼 과학적 연구를 새롭게 조직하여 우주의 수수께끼인 인간현상을 자세히 들여다봄으로써 과학과 종교가 앎의 두 모습임을 깨닫고 종합하는 것, 그것이 테야르가 제안하는 우리가 수행해야 할 접근들the approaches이다.

3. 세계의 끝

인간은 의식을 가지고 세계를 이해하며 자신을 반성하는 능력을 갖추게 되었고, 그리하여 도구를 만들고 자신의 운명을 선택할 수 있는 자유를 가지게 되었다. 그로써 인간은 더 이상 전문화된 동식물들처럼 정해진 하나의 길을 가야 하는 존재가 아니라 선택에 따라 다양한 길을 갈 수 있는 존재가 되었다. 그러한 길에는 분열도 있고 통합도 있다. 우리는 생명권에 대하여 어느 정도 이해했지만, 정신권에 대해선 아직도 제대로 이해하지 못하고 있다.

오늘날 인간은 외계의 존재를 찾는 일에 관심을 기울이고 있다. 지구처럼 생명이 존재하는 별이 있지 않은지, 우리처럼 정신 능력을 갖추고 있는 지구 바깥의 존재가 있지 않은지, 그들과 소통하고 지혜를 나눌 수 있지 않은지 궁금하게 여기고 답을 찾고자 한다. 그래서 여러 나라가 세티 SETI, 즉 외계의 지적 생명 탐사Search for Extra-Terrestrial Intelligence 연구를 수행하고 있다.

하지만 테야르는 그 가능성에 대하여 회의적이다. 인간

유기체는 지구에 전문화되어 있고, 서로 화합할 수 있는 정신이 공존하기에는 우주의 시간이 너무 길기 때문이다. 그는 지구에 한정된 정신이 지구를 벗어나는 공간적 확장보다는 정신적 확장을 수행할 것으로 예상한다.

정신권에서 이루어지는 이러한 정신적 확장으로 테야르는 개인·민족·인종의 통합, 한 사람 한 사람의 고유성을 오히려 증진하면서 적극적인 공감으로 함께 묶는 인류 개념의 수립, 그리고 이러한 일에 필연적으로 요청되는 자율적이고 최고로 인격적인 초점인 오메가포인트를 제시하였다.

물론 이러한 정신적 확장은 물질적 복잡화를 동반한다. 다양한 본능이 집중하여 본능을 초월하는 반성에 이른 것처럼, 다양한 의식이 집중하여 개별 의식을 초월하는 지구정신에 이를 수도 있다. 이러한 인간현상의 종국적 상태를 테야르는 세계의 끝the end이라고 지칭하는데, 그 내용은 다음과 같은 세 가지이다.

1. 복잡함과 수렴이 최고에 이른 '정신권'이 하나의 단
   위로서 자기에게 돌아감.
2. 완전히 성장한 정신이 물질에서 떨어져 나가는 평
   행의 역전을 통해 하느님-오메가에 안식함.
3. 창발과 재현, 성숙과 도피의 동시적인 임계점.

이러한 일이 일어난다면, 한편으로는 악이 최소화되고,
미움과 싸움도 줄어들며, 정신권에 만장일치가 이루어져
평화로의 수렴이 일어날 수 있다. 그러나 역사에서 볼 수
있듯이 이런 가능성에는 대립되는 가능성 또한 있을 수 있
다. 정상이 있으면 언제나 심연이 있기 마련이기 때문이다.

엄청난 힘이 있지만 자비롭게 사용되는 것이 아니라 잔
인하게 사용될 수도 있다. 완성에의 열정은 가열되겠지만
'인류'의 완성이 아니라 자신의 완성만을 도모할 수도 있다.
그렇게 된다면 오메가가 수용되는 것이 아니라 거부될 수
도 있다. 이렇게 되면 보편적 사랑이, 자신에게서 나와 타

자로 발걸음을 내딛는 정신권의 한 부분만을 떼어 내어, 활성화할 수도 있다. 그렇게 되면 마지막으로 다시 한번 가지뻗기가 일어나는 셈이다.

෴

테야르는 이렇게 인간현상에 대한 자신의 서술을 끝내며, 자신의 서술을 형이상학이나 꿈으로 여길 독자들에게, 원자력을 이해하기 이전의 인간은 원자력을 형이상학이나 꿈으로 여겼음을 지적한다. 그는 인간을 몸과 영혼에서 전체적으로 이해하려면 ─원자를 이해하기 위해 그러했듯이─ 이전의 시공간 개념을 조정하지 않으면 안 된다고 주장한다.

그는 자기가 한 작업을 다음과 같이 요약한다. "세상 속에 생각을 위한 장소를 만들기 위해, 물질을 내면화시켰고, 정신의 에너지론을 상상하였으며, 엔트로피에 대항하여 고양되는 정신권을 생각하였고, 진화를 위한 방향과 크기와 임계점을 제시하였으며, 최종적으로 모든 것들을 '어떤 분'

에 맞추게 하였다."(266)

　하지만 그는 자기 작업의 한계를 스스로 인정하면서 후
학들이 더 나은 결론을 내주기를 희망한다. 그는 자신의
작업이 가진 의미가, 문제가 실재하며 어렵고 다급하다는
것을 알리고, 그러한 문제가 가질 수밖에 없는 형태와 해
결책의 수준을 가늠해 본 것이었다고 지적하면서 글을 맺
는다.

✏ 4부 3장 궁극의 지구의 주요 내용

1. 테야르는 생명 이전, 생명, 생각, 초-생명이라는 순서로 인간현상에 대한 논의를 전개해 왔다. 테야르는 인간에 이르기까지 정신의 진화를 고려할 때 지구의 멸망이나 새로운 사유 존재를 이야기하기보다는 정신의 완성을 이야기하는 것이 더 나을 것이라고 본다. 과거의 궤적에 맞지 않는 쓸데없는 예측들을 떨쳐 버리자는 것이다.

2. 오히려 우리가 해야 할 일로 그가 지적하는 것은, 과학적 연구를 새롭게 조직하여 우주의 재료들이 가장 잘 종합되고 가장 변화가 활발한 인간에 주목함으로써 과학과 종교를 통합하는 일이다. 그는 종교적 믿음을 가지고 과학적 분석과 통합을 수행함으로써 우리는 이러한 과제들을 완수해 나갈 수 있을 것이라 전망한다.

3. 테야르는 우리가 제대로 된 진화의 길로 나아가기 위해서는 오메가포인트를 받아들이는 결단이 있어야 한다고 주장한다. 이러한 문턱을 넘어설 수 있을 것인가가 문제

인데, 이러한 과제에서 인간은 성공할 수도 있고 실패할 수도 있다. 테야르는 자신이 수행한 문제제기와 해결책에 대한 탐색을 계속해 주기를 요청하고 있다.

나오는 말
그리스도교 현상

　테야르는 『인간현상』을 한 사람의 과학자로서 서술해 왔기 때문에, 이제까지의 논의들은 최소한 어떤 종교를 믿는가와 관계없이 읽을 수 있었다. 그러나 인간현상처럼 그리스도교 현상을 다룰 때에는 종교가 다른 사람들은 그와 크게 다른 의견을 가질 수도 있다.

　하지만 만약 인류의 고등종교들이 다른 종교들과 달리 '고등'이라고 불릴 이유가 있다고 한다면, 여기서의 테야르의 생각을 아전인수적인 자화자찬이라 밀어 놓을 것이 아니라, 자신의 종교에 있는 어떤 것을 재발견하거나 새로운 것을 덧붙일 계기로 이용할 수 있다.

필자는 테야르의 사상에 대한 철학적 접근을 연구의 방침으로 표명하고 있는데, 이는 필자가 학문적 정향성 때문에 신학적 접근을 할 수 없기 때문이기도 하지만, 오히려 그리스도교 밖의 종교계에서도 테야르의 사상이 활용될 수 있기를 희망하기 때문이기도 하다. 필자는 테야르가 이야기하는 사랑이 그리스도교만의 전유물이 되지 않고, 다양한 종교들에 포섭되기를 기대한다.

이러한 제한을 두고서 가톨릭의 신부인 테야르가 과학자인 자신의 연구 결과를 어떻게 그리스도교와 연결하고 있는지 살펴보기로 하자. 그가 진화의 실험적 법칙을 사람에 완벽하게 적용하여 얻은 논리적 요청은, 정신권이 개인적으로나 사회적으로 제대로 작동되기 위해서는 오메가포인트의 영향이 필요하다는 것이었다.

그에 따르면, 생명권에서는 오메가포인트가 비인격적인 형태로 작동했지만, 정신권에서는 이제 초-중심으로부터 각각의 중심에 인격적인 영향을 주는 것이 가능하게 되었다. 여기 그리고 지금 작동하고 있는 오메가포인트를 확인할 방법이 있을까? 그는 그리스도교를 봄으로써, 즉 그리스도교 현상을 탐구함으로써 이를 확인할 수 있다고 주장한다.

그리스도교 **신앙의 중심축들**axes of belief은, 섭리의 하느님이 우주를 사랑과 염려로 인도하고 계시고, 계시의 하느님이 지성의 차원에서 그리고 지성을 통해 인간과 소통하고 계시며, 하느님의 아들이 인간으로 태어나시어 인간을 위하여 돌아가셨다는 것이다. 2천 년 전에 이스라엘에서 태어나신 그분을 역사적 예수라고 부른다면, 그분이 보여 준 정형, 즉 사람 중에 계시면서 의식의 고양을 이끌어내고 정화하며, 방향을 잡고 초-활성화시킬 뿐 아니라, 이를 넘어서 드디어는 그가 저버리지 않았던 초점과 다시 결합하는 것은 우주적 예수의 이념이라고 부를 수 있다.

테야르는 자신이 믿는 자로서 자신의 의식 속에서 이를 사변적인 모델로서뿐만 아니라 살아 있는 실재로서 보지 못했다면, 오메가포인트에 대한 합리적 가설을 감히 구성하지 못했을 것이라고 고백하고 있다. 이로써 신앙인으로서는 교리가 먼저 있고 가설이 뒤따랐다고 보겠지만, 달리보면 가설과 신앙이 서로 영향을 주면서 발달할 수 있었으리라 추정할 수도 있다.

　테야르는 오메가포인트를 이렇게 이론적으로 확인할 수 있을 뿐만 아니라 실천적으로도 확인할 수 있다고 지적하고 있다. 그가 강조하는 것은 그리스도교의 **존재 가치**value of existence다. 그리스도교는 많은 운동을 만들어 냈으며, 그러한 운동의 지속적인 영향을 지구의 다양한 곳에서 확인할 수 있다. 그 영향은 양적으로도 대단하지만, 질적으로도 대단하다. 그리스도교의 사랑에 대한 강조는 의식의 새로운 상태를 만듦으로써 정신의 비약을 이루었다. 예전에는 존재한다고 믿을 수 없던 것이 실재하게 되었다.

　한 예로, 뒤낭Jean-Henry Dunant의 적십자 활동은 국적에 구애받지 않는 구호 활동을 구호로 삼고 있는데, 이러한 그와 동료들의 활동은 그리스도교의 가르침에서부터 시작된 것이다. 전쟁에서 피아를 가리지 않는 구호는 원수를 사랑하라는 가르침 이전에는 존재한다고 믿을 수 없었던 정신이었다. 적십자의 이슬람 버전인 적신월이나 종교적 색채가 없는 적수정 또한 적십자의 변용임은 부정할 수 없다.

　테야르가 그리스도교 신앙의 중심축과 그리스도교의 존

재의 가치와 더불어 지적하고 있는 그리스도교 현상은 **성장의 힘**power of growth이다. 일방적인 결론으로 보일 수 있지만, 테야르는 근대의 등장과 더불어 그리스도교를 제외한 옛 종교들이 모두 위기를 맞았다고 본다. 오직 그리스도교만이 여전히 활기를 유지하고 있고 요청되고 있다는 것이다.

그리스도교가 활기를 유지하는 이유로 테야르가 들고 있는 것은, 세상이 보다 커지고 내적 연결이 더 유기적일수록 그리스도가 인간으로 태어났다는 사건이 더 크게 의미가 있기 때문이다. 테야르는 세계발생과 정신발생과 그리스도발생이 일관성을 가지기 때문에, 세계의 길고 두꺼우며 깊은 운동 속에서 그리스도교인들은 하느님을 경험하고 발견한다고 지적하고 있다.

하지만 테야르는 이것이 그리스도교가 가지는 성장력의 반쪽에 불과하다고 주장한다. 그리스도교는 인간이 수행할 수 있는 최고로 완전한 행위를, 즉 믿음과 희망이 이해와 너그러움에서 절정에 달하는 행위를 포괄하는 데에 충분할 정도로 대담하고 전진적인 유일한 사유이기에, 하나의 결정적인 행위에서 전체와 개체를 종합할 수 있는 유일한 사유라는 것이 그의 주장이다.

테야르는 생애의 많은 시간을 중국에서 보냈지만, 중국 문화에 대하여 익숙해지거나 긍정적인 평가를 하는 일에는 인색했던 것으로 보인다. 『인간현상』에서도 테야르는 가톨릭 신부로서 다른 종교인들과 대화하거나 긍정적인 평가를 하는 일에는 인색한 것으로 보인다. 물론 가톨릭교계에서 자신을 변호하기 위하여 그럴 여유가 없었을 수도 있지만, 결과론적으로는 이런 비판을 피하기는 어렵다.

하지만 어떤 사상가라도 자신이 속한 시대와 문화에 의해서 제약을 받을 수 밖에 없다는 것은 명확하다. 그러므로 테야르의 경우에도 비판과 칭송을 함께 받는 것이 마땅할 것이다.

여하튼 테야르는 생명권 진화의 주축이 신경세포와 두뇌의 발달에 집중되었던 것처럼, 정신권 진화의 주축이 그리스도교에 집중되어 있다고 본다. 그는 자신이 그리스도교인이 아닌 과학자라도 해도 이렇게 판단할 수밖에 없었으리라 주장하면서 자신의 그리스도교 현상론을 다음과 같이 정리한다.

첫째, 그리스도교 현상을 과거의 기원과 끊임없는 발전을 통해서 객관적으로 고찰할 때, 그리스도교 운동은 하나의 문으로서의 성격을 가진다.

둘째, 의식의 상승으로 해석되는 진화에 대입해 보면, 이러한 문은 사랑에 기초한 종합이라는 방향성에서 생명발생의 예정된 방향을 정확히 따르고 있다.

셋째, 근본적으로 보면, 앞으로의 전진을 이끌고 유지하는 힘 속에서 이러한 방향으로 상승한다는 것은, 보편적 수렴이라는 정신적이고 초월적인 극점과 우리가 현재적인 관계에 있음을 의식하고 있다는 것이다. (273-74)

🖊 나오는 말: 그리스도교 현상의 주요 내용

1. 그리스도교 신앙의 중심축인 섭리의 하느님, 계시의 하느님, 그리스도의 육화는 진화를 이끌고 있는 오메가포인트를 이론적으로 드러내 보여 주고 있다.

2. 실천적으로도 그리스도교라는 존재가 인류의 역사에서 불러일으킨 새로운 정신의 수준과 그 영향을 고려해 보면 오메가포인트를 확인할 수 있다.

3. 세계발생, 정신발생, 그리스도발생은 일관성을 가지며, 개체와 전체를 종합할 유일한 종교인 그리스도교만이 성장의 힘을 가진다.

요약과 후기
인간현상의 본질

　『인간현상』은 1938년 7월에서 1940년 7월에 걸쳐 완성되었다. 「요약과 후기」는 『인간현상』의 발간을 허락받기 위하여 1948년 10월에 작성된 판에 덧붙여졌다. 여기에서 테야르는 그간의 생각 결과를 요약하고 있다. 그는 이렇게 한 이유가 생각이 깊어지기도 했고 여러 생각이 엮어지기도 했으며, 새로운 사실이 밝혀지기도 했고 독자들에게 더 쉽게 이야기하고 싶기도 했기 때문이라고 밝히고 있다.

　그는 『인간현상』을 세 명제로 요약하고 후기로 삼고 있다. 첫째, 세계는 **우주의 법칙에 따라 복잡성이 증대되어 의식** the cosmic law of complexity-consciousness에 도달했다. 둘째, 인간이 출현하고 의식은 급격히 상승하여 **개인적인 수준에서의 반성**the individual step of reflection에 이르렀다. 셋째, 개인들은 사회를 구성하고 **집단적인 반성의 단계**the rise toward a collective step of reflection로 상승할 것이다. 이러한 명제들을 좀 더 자세히 보면 다음과 같다.

빅뱅을 철학이나 목적론의 명제라고 보는 지식인은 없다. 그것은 과학의 명제다. 이에 따르면 우주는 아주 작은 것에서 아주 큰 것으로 공간 팽창을 하고 있다. 같은 방식으로 —아니면 더욱 뚜렷하게— 우주는 아주 단순한 것에서 극도로 복잡한 것으로 물리·화학적인 방법을 통해 자신을 유기적으로 감싸 안는다. 이러한 **감싸 안음**the world's enfolding은 복잡성을 증대시키며, 복잡성의 증대는 안쪽, 즉 마음이나 의식의 증대다. 물론 이것은 빅뱅만큼은 아니라고 하더라도 대단히 거시적인 사건이기 때문에 인간이 그 사태를 정확히 보기는 어렵다. 하지만 바로 이것이 테야르에게서 들을 수 있는 의식의 발생에 대한 생물학적 해명이다.

물질의 복잡성이 증대하여 생명이 탄생하고, 생명이 시행착오를 수행하는 중에 복잡성이 가중되어 드디어 **처음으**

로 인간이 출현the first appearance of the human했다. 계통수에서 확인할 수 있는 많은 생명들이 있지만, 사람과 사람의 반성 능력은 중요한 가치를 가진다. 그것은 새로운 상태로 들어가는 문턱이기 때문이다. 바로 이것이 테야르에게서 들을 수 있는 반성의 발생에 대한 인간학적 해명이다. 그에 따르면 인간은 이러한 반성 능력을 통하여 첫째, 바깥쪽의 정렬 arrangement이 아니라 안쪽의 정렬을 할 수 있게 되었으며(우리에게 익숙한 용어로 표현하자면 유전자가 아니라 문화유전자를 이용하게 되었으며), 둘째, 이전 단계의 인력과 척력에 대응하는 공감과 반감의 능력을 갖추게 되었고, 셋째, 이제 미래를 내다볼 수 있게 됨에 따라 '무제한적인 초-생명'에의 요구를 알아차리게 되었다. 이는 진화가 불가역적일 뿐만 아니라 실패할 수 없음을 인지함을 의미한다.

우주의 재료가 자기를 감싸 안는 과정이 생명을 그리고 반성을 가져왔다면 이러한 과정은 이제 인간에서 멈출 것인가? 이는 현재에 관련되지만 동시에 미래와도 관련된다. 의식과 반성에 대한 테야르의 독창적 해명은 초-반성에 대한 해명으로 이어진다. 그는 인간이 친밀해지고 압력이 증가함에 따라 인류가 자신을 감싸 안을 것이며, 개인이 자신을 감싸 안음으로써 일어났던 일이 인류에게도 일어날 것이라 예언한다. 첫째, 다양한 연구력에 의해 강화된 발명의 능력이 인간 진화의 새로운 도약을 이야기할 수준에 이르며, 둘째, 인력이나 척력도 마찬가지로 강화되어 보이지 않는 손이 조절하는 경제가 아니라 이데올로기나 분노가 지배원리가 될 수도 있으며, 셋째, 개인이 자신을 통제할 수 있는 것처럼 이제 인류는 진화의 성과를 수포로 돌리지 않기 위해서 자신이 해야 할 일을 깨닫는다. 그것은 새로운 반성, 두 번째 반성인 집단반성이라는 임계점으로 나아가는 것이다. 이것 다음은 우리가 알 수 없지만 예측해 보면, 사회가 자신을 감싸 안는다는 **사회현상**the social phenomenon을 통하여 생겨난 집단반성과 초월적인 초점인 오메가포인트의 만남일 것이다.

우리는 4차 산업혁명을 통해 우리 삶에 큰 변화가 있을 것이라 예측하고 있다. 그러한 변화가 다만 정도의 변화일 뿐일까, 아니면 종류의 변화일까? 우리는 기계지능이 인간지능을 앞지를 것이며 그러한 특이점이 몇십 년 안에 도래

하리라 예견하고 있다. 그로 인해 대규모 실업 사태가 생겨나고 빈부의 차이가 극에 달하며 인간은 기계의 노예가 될 것이라는 비관적인 예측도 있다. 하지만 여러 가지 재화가 거의 가격이 없어질 것이기에 인간은 인류의 이상인 에덴에서와 같은 삶을 살 수 있을 것이라는 낙관적인 예측도 있다. 이렇게 예상되는 위기나 기회는 이제까지의 위기나 기회와는 성격이 전혀 다르다. 무엇이 부족해서가 아니라 풍부해서 문제가 될 수도 있다. 사냥감을 평화롭게 나눈 것처럼, 최소최대임금제처럼, 풍요한 잉여 에너지를 평화롭게 나누는 문제가 대두할 수도 있다. 이러한 도전에 인류는 어떻게 응전할 것인가? 테야르의 논의는 이러한 응전의 실마리가 될 수도 있다. 우리의 능력이 폭발할 때, 그 폭발에서 우리를 지켜내기 위해서 우리는 지금 우리의 정신적 수준을 한 번 더 갱신해야 할 수도 있다.

여하튼 마지막으로 테야르는 독자들이 가질 법한 세 가지 질문에 자문자답함으로써 글을 맺는다. 하나는 '진화의 과정에 자유가 있는가?'라는 질문이다. 그의 비전은 '모든 것이 잘되면 이러한 방향으로 가리라'라는 것이기 때문에, 자유는 부분적으로 있다. 그 부분적 자유를 제외한 나머지는 전부 우연이다. 시행착오는 자유를 가지고 우연 속에서 기회를 찾는 일이다. 그리고 인류는 다수이기 때문에 개인보다 착오가 적게 일어날 수 있다. 집단 지성이 개인 지성보다 현명할 수 있기 때문이다.

둘째는 '물질과 비교할 때 정신의 가치는 무엇인가?'라는 질문이다. 정신과 물질은 기본적으로 하나다. 정신이나 물질이 있는 것이 아니라 정신-물질 또는 물질-정신이 있을 뿐이다. 다만 정신이 상승하기 이전에는 물질이 정신의 상승을 지지하지만, 정신이 상승한 후에는 정신이 물질을 지지한다. 그리고 정신은 초-생명인 오메가와 결합하려고 한다. 의식이 우주가 되고, 우주는 생각이 된다.

셋째는 '우주가 자신을 감싸 안는다고 할 때 하느님과 세상의 차이가 있는가?'라는 것이다. 하느님과 세상은 어떤 의미에서는 차이가 없고 어떤 의미에서는 차이가 있다. 하느님과 하나가 된다는 이야기는, 하느님과 우주가 같아진다는 것이나 하느님이 모든 것이 된다가 아니라, 서로 다른 가운데서 사랑으로 소통한다는 것이다.

🖊 요약과 후기 : 인간현상의 본질의 주요 내용

1. 인간현상은 다음과 같이 요약된다. 첫째, 세계는 우주의 법칙에 따라 복잡성이 증대되어 의식에 도달했다. 둘째, 인간이 출현하여 의식이 급격히 상승하여 개인적인 수준에서의 반성에 이르렀다. 셋째, 개인들이 사회를 구성하고 집단적인 반성의 단계로 상승할 것이다.

2. 인간의 자유는 제한적이며, 우연의 영향을 받지 않을 수 없다. 정신이나 물질은 따로 있는 것이 아니라 정신-물질 혹은 물질-정신이라는 통일체로서 존재한다. 하느님과 우주의 관계에는 서로 다른 가운데 사랑으로 소통하는 것이다.

부록
진화하는 세계에서 악의 위치와 역할

　부록에서 테야르는 악evil에 대하여 언급하고 있다. 그는 '모든 것이 잘되면'이라는 전제 아래서 인간현상을 서술하였기 때문에 그의 진술에는 '잘 안 될 경우'에 대한 언급은 찾아보기 어렵다. 그래서 그는 자신의 비전에서 악의 모습을 부록으로 서술하고 있다.

　첫째, 무질서disorder와 실패failure라는 형태로서의 악이다. 시행착오는 일반적으로 성공보다 실패가 많다. 물질의 차원에서는 이러한 실패가 무질서 정도로 나타나지만, 생물에게는 이러한 악이 생리적 고통으로 나타난다. 인간은 생리적 고통과 아울러 심리적 고통까지 느끼게 된다. 테야

르에 따르면 "이러한 스캔들이 일어나는 것은 불가피하다".(284)

둘째, 분해decomposition라는 악이다. 아시아문화권에서는 생로병사라는 표현을 사용하는데, 태어나서 늙고 병들고 죽는 것이 바로 이러한 악이다. 이는 새로운 생명이 가능한 조건이기도 하고, 태어난 생명의 숙명이기도 하다.

셋째, 외로움solitude과 두려움anguish이라는 형태의 악이다. 자신을, 그리고 미래를 반성하는 존재는 그러한 반성 없는 존재와 달리 자신이 고립된 존재이며 자신의 미래를 확실히 할 수 없다는 외로움과 두려움을 가진다.

넷째, 성장growth이라는 형태의 악이다. 분만에 고통이 동반되듯이, 성장에도 고통이 동반된다. 특히 인간의 성장에서는 정신적 의지가 중요하기 때문에 이러한 고통은 가중된다. 아무런 노력 없이 저절로 이루어지는 성장이란 없다. 수고와 노력 없이는 성장이 이루어지지 않기 때문이다.

우주가 자기를 계속 감싸 안는 일에는 성공과 즐거움, 그리고 보람만 있는 것이 아니라 실패와 노력, 고통도 불가피하다. 산을 오르는 일은 노고 없이 불가능하고 보람 없이 끝나지 않는 것과 마찬가지다.

테야르는 일반인들은 쉽게 다양한 악을 볼 수 있지만, 과학자들은 그러한 악 중에 진화하고 있는 선을 본다고 지적하며, 신학자는 이러한 선악의 교차가 십자가의 길과 유사하다는 깨달음을 가질 수밖에 없다는 사실 또한 지적한다.

진화하는 세계에서 악의 위치와 역할의 주요 내용

1. 생명은 태어나 시행착오라는 과정을 통해 나아가고 궁극적으로는 죽음을 맞는다. 그래서 실패나 분해의 악을 피할 수 없다. 인간은 이에 더해 자의식을 가짐에 따라 외로움과 두려움, 그리고 정신적 의지에 의한 성장이라는 악 또한 피할 수 없다.

2. 산을 오르는 일이 노고와 보람을 동반하듯이 삶은, 특히 인간의 삶은 선과 악을 모두 경험할 수밖에 없다.